Katja Ischebeck

Erfolgreiche Konzepte

Katja Ischebeck

Erfolgreiche Konzepte

Eine Praxisanleitung
in 6 Schritten

Bibliografische Information der Deutschen Nationalbibliothek

Die Deutsche Nationalbibliothek verzeichnet diese Publikation
in der Deutschen Nationalbibliografie; detaillierte bibliografische
Informationen sind im Internet unter http://dnb.d-nb.de abrufbar.

ISBN 978-3-86936-520-6

Lektorat: Christiane Martin, Köln | www.wortfuchs.de
Umschlaggestaltung: Buddelschiff, Stuttgart | www.buddelschiff.de
Umschlagfoto: iStockphoto/Thinkstock
Satz und Layout: Lohse Design, Heppenheim | www.lohse-design.de
Druck und Bindung: Salzland Druck, Staßfurt

6. Auflage 2022

www.gabal-verlag.de

Inhalt

Einleitung

„Machen Sie mal ein Konzept … eine Präsentation … eine Auswertung … sich ein paar Gedanken dazu …" Solche Aufträge von Führungskräften, Kollegen oder Kunden flattern vielerorts durch die Unternehmenslandschaften. Ob es sich dabei um kleinere Arbeitsanweisungen oder um größere Projekte handelt – immer ist es ärgerlich, wenn sich dann die Anzahl der Entwürfe dem Unendlichen nähert oder das Konzept letztendlich in der Schublade verstaubt, weil der Auftrag nicht klar war, der beabsichtigte Nutzen unterwegs verloren gegangen ist oder das Konzept nicht stringent aufgebaut und dargestellt wurde.

Dieses papierene „Schicksal" gibt es in allen Unternehmen und Branchen. In meinen vielen Jahren Berufserfahrung als Personalmanagerin, Berater, Coach und Trainerin konnte ich das Phänomen sowohl bei florierenden internationalen Konzernen als auch bei traditionsbewussten mittelständischen Unternehmen beobachten – eine Beobachtung, die sich in Zahlen darstellen lässt: Über 70 Prozent der Konzepte scheitern.

70 Prozent der Konzepte scheitern

Schade um die verschwendete Zeit, um das ins Leere gelaufene Engagement, um die tollen Ideen, die versanden! Besonders bedauernswert sind jedoch die langfristigen Auswirkungen auf die Motivation all jener, die ihre Konzepte zu Grabe tragen müssen. Und dann sind da noch die Zaungäste, die Zeuge dieses Trauerspiels wurden und ihre Augenzeugenberichte weiterverbreiten. Die Bereitschaft, sich zukünftig beherzt für das Unternehmen einzusetzen, sinkt rapide mit jedem Schubladenkonzept. Irgendwann stellt sich zu Recht die Frage: Wozu soll ich mir Gedanken machen, wenn es niemanden interessiert? Das geht auch anders: Konzeptarbeit kann sehr erfolgreich sein und Spaß machen.

Mitarbeiter an Veränderungsprozessen beteiligen

Aus der Sicht der Führungskraft kann konzeptionelles Arbeiten ein geeignetes Mittel sein, Menschen über das normale Maß hinaus zu begeistern und sie dazu zu bringen, sich zu engagieren. Wenn man Menschen nach ihren Ideen fragt, sie ernst nimmt und an Veränderungsprozessen beteiligt, wehren sie sich nicht gegen Neues, sondern machen es zu ihrer eigenen Sache und treiben diese aktiv voran.

Aus der Sicht des Mitarbeiters ist Konzeptarbeit eine wunderbare Möglichkeit, eigene Ideen einzubringen, Veränderungen mitzugestalten und sich im Unternehmen zu zeigen. Eine wichtige Voraussetzung, um neben der Unternehmensentwicklung auch die eigene Entwicklung und Karriere voranzutreiben. Bei den Jobs von Höherqualifizierten besteht übrigens der Arbeitsanteil bereits zu etwa 20 bis 40 Prozent aus der konzeptionellen Entwicklung von Themen, Produkten oder Prozessen – Tendenz steigend. Denn Konzepte braucht man dort, wo Neues entstehen soll oder Bestehendes überarbeitet werden soll – also quer durch alle Ressorts über alle Hierarchieebenen hinweg.

Konzeptarbeit hat viele Herausforderungen

Stringente Konzeptarbeit unterstützt somit Engagement, zielorientiertes Handeln und Kommunizieren, Kreativität und Innovationsfähigkeit in Unternehmen. Und natürlich auch die Produktivität von Unternehmen. Die Frage ist nur, wie kann Konzeptarbeit so gestaltet werden, dass sie erfolgreich wird? Das Problem bei der Konzeptarbeit ist, dass mehrere Herausforderungen bewältigt werden wollen – und das bitte schön innerhalb kürzester Zeit: die Ausgangslage und den Auftrag verstehen, Informationen recherchieren und strukturieren, neue Lösungen entwickeln und das Ganze überzeugend auf Papier und zu den Empfängern bringen. Häufig versuchen wir diese Herausforderungen gleichzeitig zu bewältigen und machen es uns unnötig schwer damit. Unser Gehirn arbeitet nicht effektiv, wenn es versucht, diese Fragen parallel zu beantworten. Manche Schritte, wie zum Beispiel Ideen entwickeln und strukturieren oder gar bewerten, behindern sich sogar gegenseitig und machen reibungsloses und erfolgreiches Arbeiten nahezu unmöglich. Sie kommen schneller und sicherer zum Ziel, wenn Sie systematisch Schritt für Schritt vorgehen.

In diesem Buch erfahren Sie, wie Sie die verschiedenen Phasen der Konzepterstellung erfolgreich bewerkstelligen können. Sie bekommen einen Konzeptfahrplan an die Hand, in dem Schritt für Schritt die verschiedenen Etappenziele erläutert werden: Von der Auftragsklärung über die Recherche und Generierung von Ideen, über die Strukturierung der Inhalte bis zu deren Kommunikation werden Sie sicher geleitet und mit pragmatischem Handwerkszeug ausgestattet.

Der Fahrplan, die Arbeitshilfen und Checklisten helfen Ihnen, Ihr Ziel souverän zu erreichen. Sie können auf praxisorientierte Vorgehensweisen zurückgreifen und bewährte Vorlagen nutzen, die Sie nicht erst entwickeln müssen. Darüber hinaus reichern Hintergrundinformationen aus den Gebieten der Hirnforschung und der Psychologie die Themen an, liefern Erklärungen und viele Möglichkeiten zur Reflexion – sowohl für den Profi als auch für den Anfänger.

Arbeitshilfen und Checklisten für gute Konzepte

Das Buch richtet sich somit sowohl an Menschen, die Konzepte erstellen, als auch an diejenigen, die sie in Auftrag geben – an alle also, die sich Rüstzeug für sinnerfüllte, kreative und effektive (Konzept-)Arbeit wünschen. Ich bin davon überzeugt, dass Sie im Laufe der Konzeptarbeit erleben werden, wie viel Spaß es machen kann und wie zutiefst befriedigend es sein kann, Entwicklungen konzeptionell zu initiieren und voranzutreiben. Was Sie dazu brauchen, bringen Sie zum größten Teil schon mit – hier erhalten Sie dann noch den Fahrplan, das Handwerkszeug und viele nützliche Tipps.

Digitale Vorlagen zum Download

Unter **www.Katjalschebeck.de** oder
www.ErfolgreicheKonzepte.de können Sie eine Konzept-
toolbox mit Vorlagen, Checklisten und Beispielen kostenlos
digital abrufen.

Was Sie über Konzepte wissen sollten

2.1 Typische Stolpersteine der Konzepterstellung

Sie wurden beauftragt, ein Konzept zu entwickeln? Herzlichen Glückwunsch! Dann ist man offensichtlich von Ihrer Expertise und Ihren Kommunikationsfähigkeiten überzeugt und traut Ihnen einiges zu. Oder haben Sie sich selbst vorgenommen, eigene Ideen einzubringen, ein Thema oder einen Prozess voranzubringen und wollen nun andere davon überzeugen? Großartig! Bleiben Sie am Ball! Und setzen Sie auf Ihre Expertise und Ihre Kommunikationsfähigkeiten!

Der Weg zum erfolgreichen Konzept weist erfahrungsgemäß typische Stolperfallen auf, Fallen, die mit etwas „Ortskenntnis" souverän umgangen werden können. Für die selektiven Leser unter Ihnen habe ich gleich zu Beginn die zehn wichtigsten Stolpersteine und Schwierigkeiten der Konzepterstellung und die wichtigsten Tipps zu deren Bewältigung zusammengestellt. Ausführlichere Hinweise erfahren Sie in den jeweils angegebenen Kapiteln.

Tipps für die Bewältigung von Hindernissen

**Die zehn wichtigsten Stolpersteine
der Konzepterstellung**

Stolperstein Nr. 1:	Zu schnell mit Lösungen bei der Hand
Stolperstein Nr. 2:	Die Macht der Fragen zu wenig genutzt
Stolperstein Nr. 3:	Den Zeitaufwand total unterschätzt
Stolperstein Nr. 4:	Erschlagen von der Menge an Informationen
Stolperstein Nr. 5:	Zu klein gedacht
Stolperstein Nr. 6:	„Ich bin nicht kreativ."
Stolperstein Nr. 7:	„Ich kann nicht überzeugen."
Stolperstein Nr. 8:	„Es muss perfekt sein."
Stolperstein Nr. 9:	Auch ein gutes Konzept verkauft sich nicht von alleine.
Stolperstein Nr. 10:	Wie gehe ich am besten vor?

Wenn Sie dieses Buch in den Händen halten, weil Sie gezielt für bestimmte Themen Unterstützung suchen, können Sie weiterblättern zu dem jeweiligen Kapitel, welches für Sie von besonderem Interesse ist, und dort weiterlesen. Ist die Konzepterstellung jedoch für Sie Neuland oder möchten Sie das Thema konzeptionell angehen, dann mag es hilfreicher für Sie sein, einfach chronologisch weiterzulesen.

**Stolperstein Nr. 1:
Zu schnell mit Lösungen bei der Hand**

Nicht geklärte Ziele kommen wie ein Bumerang zurück Sie kennen das sicherlich: Häufig wird mit der Entwicklung von Lösungen begonnen, bevor das Problem verstanden wurde. Manchmal werden sogar schon Vorschläge gemacht oder Ratschläge erteilt, bevor der Gesprächspartner seinen ersten Satz zu Ende formulieren konnte. Das ist weder eine professionelle Arbeitsweise noch ein wertschätzender Umgang mit dem Gesprächspartner. Und letzten Endes verursacht das vorschnelle Lospreschen sogar mehr Arbeit. Nicht ausreichend geklärte Ziele, Rahmenbedingungen und sonstige Anforderungen kommen im Laufe der Ausarbeitung wie ein Bumerang zurück und führen zu unnötigen Schleifen. Versuchen Sie also erst die Ausgangslage zu verstehen, bevor Sie Lösungen präsentieren. Das Kapitel 3.1 bietet Ihnen dazu wertvolle Anregungen und eine praktische Checkliste für die Auftragsklärung.

Tipp: Kümmern Sie sich erst um das Verständnis und dann um die Lösungen!

Stolperstein Nr. 2:
Die Macht der Fragen zu wenig genutzt

Den Weg zum gemeinsamen Verständnis erreichen Sie über eine gezielte Gesprächsführung durch Fragen. Fragen strukturieren Gespräche, Gedanken und die mentale Landkarte zu dem besprochenen Thema. Fragen sind das wichtigste Instrument in der Gesprächssteuerung. Leider wird dieses Mittel wenig genutzt.

Fragen als wichtigstes Instrument der Gesprächssteuerung

Zum einen wird viel zu wenig gefragt. Fragen zu stellen, scheint im Erwachsenenalter schwieriger zu sein als in Kindertagen. Ob es nun daran liegt, dass wir uns keine Blöße geben wollen oder nicht aufdringlich sein wollen oder den Eindruck haben, wir müssten gleich Kompetenz demonstrieren – Fragen werden viel zu wenig eingesetzt. Zum anderen ist die Frageführung, wenn Sie überhaupt stattfindet, häufig wenig zielgerichtet und ungeschickt. Nur zu oft erscheint sie willkürlich, beißt sich an Details fest oder verliert sich labyrinthisch und endet dann in der einen oder anderen Sackgasse. Jedoch: Gute Fragen in einer sinnvollen Struktur zu stellen, ist eine Kunstfertigkeit und daher erlernbar. Nutzen Sie gezielt eine sinnvolle Fragestruktur und stellen Sie sich einen Fragenkatalog zusammen oder verwenden Sie die Checkliste im Kapitel 3.1.

Tipp: Entwickeln Sie Ihre Neugier und Offenheit und setzen Sie diese gezielt ein! Es gibt keine dummen Fragen, wohl aber gibt es dumme Zeitpunkte, sie zu stellen.

Stolperstein Nr. 3:
Den Zeitaufwand total unterschätzt

Alles braucht
seine Zeit

Konzeptarbeit braucht Zeit. Auch wenn Sie denken: „Ich mach mal schnell ..." Die konzeptionelle Aufbereitung eines Themas beinhaltet viele unterschiedliche Tätigkeiten. Manche dieser Aktivitäten können Sie selbst leisten (Achtung: Zeit einplanen!), während Sie bei anderen Tätigkeiten auf Informationen, Zuarbeit oder Entscheidungen Dritter angewiesen sind (Achtung: Pufferzeit einplanen!). Meist wird der benötigte Zeitaufwand stark unterschätzt, weil nicht „auf die Schnelle" die Gesamtheit der einzelnen Aktivitäten überblickt wird. Außerdem will in der Regel der „ganz normale Job" weiterhin in gleicher Qualität bewältigt werden. Dann kollidiert „schnell mal" die Konzeptarbeit mit den Anforderungen des Alltags.

Nehmen Sie sich die Zeit für eine realistische Zeitplanung. Zerlegen Sie das Paket „Konzeptarbeit" in einzelne Bestandteile (z. B. in seine Phasen, siehe am Ende des Kapitels 2.6) und machen Sie Zeitschätzungen für die einzelnen Phasen. Meistens dauern die Dinge so lange, wie wir ihnen Zeit geben. So zeigt die Erfahrung und lehrt eine alte Zeitmanagementweisheit. Indem Sie die Zeitaufwände festlegen, grenzen Sie diese schon einmal ein. Reservieren Sie dann entsprechende Termine in Ihrem Terminkalender für sich und Ihr Konzept. Sie werden dadurch Ihre Zeit effektiver planen können und überhaupt erst verbindliche Terminzusagen vornehmen können.

Tipp: Nehmen Sie sich die Zeit für eine realistische Zeitplanung! Nutzen Sie diesen Plan als Steuerungsinstrument,
aber bleiben Sie dennoch flexibel! Denn: Mal kommt der
Wind von vorne, mal kommt der Wind von hinten.

Stolperstein Nr. 4:
Erschlagen von der Menge an Informationen

Nach einer gewissen Zeit der Einarbeitung in ein Thema steht **Für Orientierung**
man vor einer Fülle an Informationen, Zusammenhängen, Ur- **im Dschungel**
sachen, möglichen Auswirkungen, potenziellen Ansätzen – das **sorgen**
Informationsgeflecht wird größer, die Komplexität steigt. Gefühle der Überwältigung, der Hilflosigkeit und Orientierungs-
losigkeit können hier durchaus aufkommen. Bevor Sie tiefer in
den Dschungel der Informationen einsteigen oder willkürlich
auf ein beliebiges Gedankengleis aufspringen, sorgen Sie lieber
erst einmal für Orientierung. Wie Sie Ordnung ins Chaos bringen
können, erfahren Sie vor allem in Kapitel 3.2 und 3.4.

Tipp: Übersicht geht vor Detail: Sorgen Sie erst für den
Überblick und eine klare Struktur, bevor Sie mit der Detailarbeit oder der Schreibarbeit beginnen! Fokussieren Sie
sich und die Empfänger, indem Sie mit Kernbotschaften
arbeiten!

Stolperstein Nr. 5: Zu klein gedacht

Bei der konzeptionellen Erarbeitung geht es darum, etwas Neues **Mut und Umsicht**
entstehen zu lassen oder etwas Bestehendes zu verändern. Sonst **sind gleicher-**
bräuchte man kein Konzept, sondern könnte die Arbeitsroutinen **maßen gefragt**
weiterfahren. Ihr Auftrag ist es also, Gegebenheiten infrage zu
stellen und neue Möglichkeiten auszuloten. Albert Einstein formulierte dazu sehr treffend: „Probleme kann man niemals mit

derselben Denkweise lösen, durch die sie entstanden sind." Denken Sie also über den Tellerrand hinaus! Denken Sie groß!

Natürlich riskieren Sie dabei, denjenigen auf den Schlips zu treten, die sich bisher um die Dinge gekümmert haben, die Sie nun verändern wollen. Gehen Sie also sowohl mit Mut als auch mit Fingerspitzengefühl vor! Klären Sie im Vorfeld ab, wie weit Sie sich aus dem Fenster lehnen sollen und dürfen! Prüfen Sie, wer welche Interessen in diesem Spiel hat! Hinweise zur Sondierung und Nutzung der Interessenlagen finden Sie in Kapitel 3.6. Anregungen zum mutigen Denken gibt es im Kapitel 3.3.

Tipp: Denken Sie mutig und agieren Sie gleichzeitig mit Fingerspitzengefühl!

Stolperstein Nr. 6: „Ich bin nicht kreativ."

Jeder Mensch ist kreativ

„Ich bin kein kreativer Mensch!" Wie oft haben Sie diese Aussage schon von anderen gehört oder über sich selbst gedacht? Die frohe Botschaft gleich vorweg: Jeder Mensch ist kreativ. Jeder kann neue Ideen entwickeln, Dinge neu verknüpfen, Themen weiterentwickeln. Und jeder hat das auch schon mehr als ein Mal gemacht.

Deutlich ausgeprägter als die Kreativität sind bei den meisten Erwachsenen jedoch das logisch-analytische Denken und das Agieren in bewährten Bahnen. In Schule, Ausbildung und den meisten Berufen wird diese Form des Denkens häufiger gefordert und stärker trainiert. So ist es für die meisten Arbeitsplätze wenig hilfreich, die Vorgehensweisen täglich neu zu erfinden. In der Konzeptarbeit geht es jedoch gerade darum, etwas Neues entstehen zu lassen – also den kreativen Part in uns zum Leben zu erwecken. Wie kann dem kreativen Denken Raum gegeben werden und die zum Teil scheue Kreativität gezielt hervorgelockt werden? Lesen Sie dazu weiter in Kapitel 3.3.

Tipp: Schubsen Sie Ihre Gedanken aus den eingeübten Denkrillen hinaus und trennen Sie ganz diszipliniert die Phasen des kreativen von denen des analytischen Denkens! Jede Phase hat ihre Berechtigung, aber jede zu ihrer Zeit. Entdecken Sie, wie Kreativität entsteht, und lassen Sie sich dazu von den Kreativitätstechniken inspirieren!

Stolperstein Nr. 7: „Ich kann nicht überzeugen.

„Ich weiß schon, wie ich Themen entwickeln und aufbereiten kann, aber meine Ideen kommen einfach nicht an." Damit Sie überzeugen können, ist es natürlich erst einmal wichtig, dass Sie selbst überzeugt sind, dass Sie eine gute Analyse und gute Ideenarbeit geleistet haben. Bis zu diesem Punkt kommen die meisten Konzeptentwickler und Präsentatoren. Leider bleiben viele aber an dieser Stelle stehen. Um andere zu überzeugen, müssen Sie einen Schritt weiter gehen und Ihre Argumente und Gedankenführung nun auf das ausrichten, was Ihrem Gegenüber (und nicht Ihnen!) wichtig ist. Hier liegt der entscheidende Unterschied zwischen Überreden und Überzeugen und somit zwischen Druck ausüben und Einverständnis erzielen.

Perspektivenwechsel hilft bei Überzeugungsarbeit

Damit dies gelingen kann, ist nun ein Perspektivenwechsel gefordert. Setzen Sie sich dazu gedanklich auf den Stuhl des Empfängers und betrachten Sie das Thema konsequent aus seiner Perspektive. Dazu sollten Sie wissen, wer die Empfänger sind und welche Interessen sie haben. Formulieren und strukturieren Sie das Konzept so, dass es optimal auf diese ausgerichtet ist. Wenn Sie mehrere Empfängerkreise haben (z. B. Entscheider, Beteiligte, Anwender), können verschiedene Konzeptversionen notwendig sein. Das Thema „Überzeugen" finden Sie in Kapitel 3.5. Für die allgemeine gehirngerechte Aufbereitung von Informationen lesen Sie das Kapitel 3.4.

Tipp: Nutzen Sie Überzeugungsgeschick statt Überzeugungs-kraft! Betrachten Sie das Thema aus dem Blickwinkel derjenigen, die Sie überzeugen wollen! Richten Sie Ihre Argumente und Gedankenführung konsequent an deren Interessen aus! Dann wird man Ihnen mit Interesse folgen.

Stolperstein Nr. 8: „Es muss perfekt sein."

Fokussieren statt Perfektionieren

Der Anspruch auf Perfektion macht uns fertig – und lässt uns nicht fertig werden. Denn: Wann ist schon etwas wirklich perfekt? Man kann immer noch mehr recherchieren, Aspekte ausführlicher beleuchten oder treffsicherer formulieren. Mit diesem Anspruch kann man vor allem in den frühen Konzeptphasen (Informationssammlung und Strukturierung) viel Zeit verlieren. Das Hauptproblem liegt aber in der Folge: Wir verlieren den Blick für das Wesentliche. Um das zu verhindern, können Sie das Pareto-Prinzip nutzen. Es ist auch bekannt als 80-20-Regel und hilft überhöhten Ansprüchen Grenzen zu setzen. Die Regel weist darauf hin, dass 20 Prozent des möglichen Arbeitsaufwandes bereits 80 Prozent des gewünschten Ergebnisses erbringen. Konzentrieren Sie sich also auf die wesentlichen 20 Prozent der Tätigkeiten, die auf die wichtigsten Aspekte abzielen (siehe dazu Kapitel 3.2).

Tipp: Seien Sie gelassen mit sich selbst! Machen Sie Ihre Sache gut (gemäß des Pareto-Prinzips) – aber nicht zu perfekt! Und bringen Sie Ihre Sache zum Abschluss!

Stolperstein Nr. 9: Auch ein gutes Konzept verkauft sich nicht von alleine

Gehen Sie nicht davon aus, dass ein gutes Konzept sich von alleine verkauft. Konzepte wollen ansprechend dargestellt sein, das heißt visuell gelungen aufbereitet und möglichst durch Sie persönlich präsentiert werden. Denken Sie aber bitte nicht nur an Ihren direkten Auftraggeber, der über das Konzept entscheidet. Ein Konzept soll auch umgesetzt und angewendet werden, das heißt, früher oder später kommen noch weitere Personen mit ins Boot.

Alle im Blick haben

Erfahrungsgemäß ist es unvorteilhaft, wenn diese Personengruppen erst spät in den Informationsprozess eingebunden werden. Es liegt in der menschlichen Natur, Veränderungen als bedrohlich zu erleben, wenn diese nicht selbst gewählt und behutsam vorbereitet sind. Machen Sie also möglichst Betroffene zu Beteiligten. Das erhöht das Verständnis für die Veränderung und die Bereitschaft zu deren Umsetzung um ein Vielfaches. Näheres zu diesem Themenkomplex finden Sie in Kapitel 3.6.

Tipp: Sorgen Sie für eine gelungene Präsentation Ihres Konzeptes – zunächst bezogen auf Ihren direkten Auftraggeber! Denken Sie aber auch weiter und planen Sie, wie die Kommunikation in das Unternehmen hinein stattfinden soll! Binden Sie frühzeitig Personen ein, die Interesse und Berührungspunkte (Stakeholder, Beteiligte, Anwender) mit Ihrem Thema haben!

Stolperstein Nr. 10: Wie gehe ich am besten vor?

Strukturiertes Vorgehen als Schlüssel zum Erfolg

„Wo fange ich an? Was mache ich als Nächstes?" Diese Fragen stellen wir uns zu Recht, wenn wir vor einem neuen Thema stehen. Wie bereits in der Einleitung beschrieben, liegt das Problem bei der Konzeptarbeit darin, dass viele und sehr unterschiedliche Arbeitsschritte erforderlich sind, die wir häufig gleichzeitig zu bewältigen versuchen. Das Hin- und Herspringen zwischen verschiedenen Arbeitsschritten kostet jedoch viel Zeit und Nerven. Und ungeordnete Vorgehensweisen führen zu Mehrfachschleifen und zu erhöhtem Arbeitsaufwand. Meist blockieren wir damit sogar aktiv unser Gehirn.

Strukturiertes Vorgehen ist der Schlüssel zum Erfolg. Arbeiten Sie systematisch und Schritt für Schritt. Nutzen Sie dafür den Konzeptfahrplan. Das Kapitel 2.6 bietet Ihnen den Plan im Überblick, das Kapitel 3 erläutert die Phasen im Detail.

Tipp: Gehen Sie bei der Konzepterstellung Schritt für Schritt vor! Nutzen Sie dafür den Konzeptfahrplan!

2.2 Was ist ein Konzept?

In diesem Kapitel beschäftigen wir uns mit der Frage: Was ist ein Konzept? Ich werde den Nutzen von Konzepten erklären und beleuchten, was von Ihnen erwartet wird, wenn es heißt: „Machen Sie doch einmal ein Konzept, eine Konzeption, ein Exposé ...“

Ein Plan ist erforderlich – wie beim Hausbau

Fangen wir an mit der Frage: Wozu braucht man überhaupt ein Konzept? Könnte man nicht einfach gleich mit den geplanten Aktionen loslegen? Gute Fragen. Deutlich wird der Sinn von Konzepten aber vielleicht an einem kleinen Beispiel: Haben Sie schon einmal ein Haus gebaut? Oder kennen Sie jemanden, der ein Haus gebaut hat? Natürlich kann man gleich anfangen zu bauen. Hier ein paar Mauern, dort ein paar Fenster, ein Dach mit großen Gauben, ach ja, ein Keller wäre auch noch ganz schön und mit den Zuleitungen schauen wir dann später mal ... Spätestens hier wird sicherlich deutlich, inwiefern ein Konzept hilft, Zeit, Nerven und Geld zu sparen.

Mögen Sie zwei Kostproben solch konzeptionsloser Planung? Der eine oder andere Leser erinnert sich vielleicht noch an den Beginn des Schienenhochgeschwindigkeitsverkehrs in Deutschland. Die Eröffnung des ICE-Bahnhofs in Kassel 1991 sollte den symbolischen Beginn dieser Ära darstellen. Die Feierlichkeiten im neuen Kasseler Bahnhof waren groß angekündigt und sollten ganze vier Tage andauern. Die Zelebration war akribisch geplant: Fünf ICE-Züge erreichten im Rahmen einer Sternfahrt von Bonn, Hamburg, Mainz, Stuttgart und München den neuen Bahnhof und fuhren dort gleichzeitig ein. Der damalige Bundespräsident Richard von Weizsäcker stellte um 12 Uhr symbolisch das Ausfahrsignal auf Grün und eröffnete damit den Hochgeschwindigkeitsverkehr in der Bundesrepublik Deutschland. Es folgten Reden wichtiger Persönlichkeiten vor 2500 geladenen Gästen aus Politik und Wirtschaft. Die ganze Nation sah dabei zu.

Leider waren die baulichen Maßnahmen weniger akribisch geplant: Am Tag der Eröffnung fehlten die Toiletten. Sie waren komplett vergessen worden. Zwei Toilettenhäuschen auf dem vorgelagerten Parkplatz standen den 2500 Menschen zur Verfügung. Es bildeten sich riesige Schlangen vor den „stillen Örtchen". Und die ganze Nation sah dabei zu.

Toiletten fehlten komplett

Weniger öffentlichkeitswirksam, dafür aber auch mit viel Getöse behaftet, erinnere ich eine Phase aus meiner Schulzeit. Innerhalb von sieben Monaten wurde viermal der gesamte Schulhof aufgerissen und wieder asphaltiert. Zunächst wurden Rohrleitungen ausgetauscht, dann wurden diese eingegraben und sorgsam mit einer Asphaltschicht bedeckt. Es folgten drei Wochen voller himmlischer Ruhe für uns Schüler. Dann wurde der frische Belag erneut aufgerissen und diesmal wurden Kabel verlegt. Zwei Monate später waren wieder die Presslufthämmer da und bearbeiteten die gleichen Stellen. Noch ein viertes Mal rückten die Bautrupps an. Wofür? Ich weiß es nicht mehr genau. Ich weiß nur noch, dass ich mich schon damals wunderte, ob man diese Maßnahmen nicht etwas konzeptioneller hätte angehen können.

Und damit sind wir beim Thema Konzept: Bei der konzeptionellen Erarbeitung geht es darum, etwas Neues entstehen zu lassen oder etwas Bestehendes zu verändern. In der Konzeptarbeit wird dies gedanklich vorweggenommen. Man begibt sich somit zunächst mental ins Neuland. Wirft einen Blick in die Zukunft oder auf ein neues (Themen-)Gebiet. Und gestaltet die Zukunft probehalber – bevor die Mauerer, Zimmermänner oder Presslufthämmer kommen.

Bei der konzeptionellen Erarbeitung kann es sich um sehr große Themen handeln wie den Bau eines ICE-Bahnhofs, eine Unternehmensgründung, strategische Ausrichtungen, die Entwicklung neuer Vertriebskanäle oder Produkte und so weiter. Es kann aber auch kleinere Themen beinhalten wie die Gestaltung eines Schulhofes, die Durchführung einer Kundenveranstaltung, die Entwicklung eines Trainings, das Schreiben eines Fachartikels oder die Erarbeitung einer Präsentation. Trotz der Themenvielfalt steht man immer vor der gleichen Herausforderung: einen Entwurf zu machen, der zeigt, wie das entsprechende Thema strukturiert erarbeitet oder umgesetzt werden kann.

Konzepte werden somit zumeist am Anfang eines Vorhabens, eines Projektes, einer Entscheidung oder Planung erarbeitet. Sie dienen dem zielgerichteten, abgestimmten und planvollen Vorgehen und ermöglichen somit koordiniertes und effektives Handeln. Sie sorgen dafür, dass erst das Fundament gelegt wird und dann die Mauern hochgezogen werden. Und sie versuchen sicherzustellen, dass auch an die Toiletten gedacht wird.

Nutzen von konzeptioneller Arbeit

- zielgerichtetes, abgestimmtes und dokumentiertes Vorgehen
- koordiniertes und effektives Handeln statt Zufall
- die Zukunft in die Hand nehmen und gestalten

Was beinhaltet ein Konzept?

Steht man noch ganz am Anfang eines Vorhabens, wird manchmal zunächst nur eine Konzeptskizze gemacht, in der vorab grob geprüft wird, ob das Thema überhaupt tiefer bearbeitet werden soll. Eine Skizze sollte beinhalten: die Zielvorstellung, Ideen zu deren Umsetzung und eine erste Kosten-Nutzen-Betrachtung. Ergibt diese Prüfung, dass das Thema interessant ist und Nutzen bringen kann, so wird im weiteren Verlauf eine umfassende Konzeption notwendig werden.

Definition Konzeption

Eine Konzeption (aus dem Lateinischen *concipere*: auffassen, erfassen, begreifen, empfangen, sich vorstellen) ist eine umfassende Zusammenstellung der **Ziele** und des erwarteten **Nutzens** und der daraus abgeleiteten **Strategien** und **Maßnahmen zur Umsetzung** eines größeren und deshalb strategisch zu planenden Vorhabens. Sie beinhaltet die dazu notwendigen **Informationen und Begründungszusammenhänge**, häufig darüber hinaus auch eine **Chancen-Risiken-Abwägung** sowie einen **Zeit- und Maßnahmenplan** und eine **Ressourcenplanung** (Zeit, Geld, Material, Personal).

aus www.wikipedia.de (freie Enzyklopädie)

Diese Definition ist zwar sperrig, hat aber den Charme, dass sie schon die wichtigsten Bestandteile und gleichzeitig eine mögliche Gliederung eines Konzeptes beinhaltet. Weitere Gliederungsmöglichkeiten werden in Kapitel 3.4 gezeigt.

Tipp: Konzept und Konzeption werden im allgemeinen Sprachgebrauch häufig synonym verwendet, wobei eine Konzeption eher umfassender und detaillierter als ein Konzept verstanden wird. Klären Sie, was genau erwartet wird!

Sich darüber verständigen, was erwartet wird

Ich erspare Ihnen an dieser Stelle eine akademische Abgrenzung der Begrifflichkeiten rund um das Thema Konzept. Konzepte werden in der Regel verfasst, um andere von einem Thema zu überzeugen. Daher ist die Verständigung darüber, was im jeweiligen Fall von dem Empfängerkreis gewünscht wird, sinnvoller und hilfreicher als theoretische Begriffsdefinitionen.

Gehen Sie im Zweifelsfall besser davon aus, dass Ihre Gesprächspartner keine lexikalisch korrekte Begriffsdefinition von Konzept (oder wahlweise Konzeption, Exposé, Entwurf, Entscheidungsvorlage usw.) im Kopf haben. Darüber hinaus hat jede Branche, jeder Funktionsbereich und jede Fragestellung spezifische Anforderungen und Gepflogenheiten. Um Missverständnissen vorzubeugen, empfiehlt es sich daher, sich genau darüber zu verständigen, welche Fragen beantwortet werden sollen, wie umfangreich das Konzept sein soll und wer es lesen wird bzw. präsentiert bekommt.

Verständigen Sie sich über die folgenden Punkte:
1. Welche Fragen soll das Konzept beantworten?
2. Welche formalen Anforderungen bestehen (Umfang, schriftliche Darstellung oder Präsentation)?
3. Wie setzt sich der Empfängerkreis des Konzeptes zusammen?

2.3 Wozu dienen Konzepte?

In diesem Kapitel wird erarbeitet, welche Funktionen Konzepte haben können. Je nachdem worauf das Konzept abzielt und aus welcher Flughöhe ein Thema betrachtet werden soll, resultieren unterschiedliche Anforderungen an Ihr Konzept.

Unterschiedliche Anforderungen an Konzepte

Soll die grundsätzliche Ausrichtung eines Unternehmens, der Produkte oder der Kundengewinnung oder -bindung festgelegt werden? Unternehmensvisionen, Leitbildentwicklungen oder andere strategische Ausrichtungen von Bereichen, Produkten oder Vertriebskanälen sind Beispiele für eine grundlegende und längerfristige Perspektive. Hierbei werden Annahmen über Entwicklungen des Marktes und den Bedingungen und Erfordernissen der Zukunft getroffen. Es werden Chancen und Risiken herausgearbeitet und ein entsprechendes Szenario entworfen, wie sich das Unternehmen oder der Bereich positionieren möchte. Diesen weiten Wurf entwickeln Sie aus einer großen Flughöhe. Hier sind Weitblick und vernetztes Denken gefragt. Konkrete Maßnahmenpakete werden in einem Strategiekonzept nicht erwartet.

Oder soll ein thematisch und zeitlich abgegrenztes Thema geprüft werden wie zum Beispiel bei folgenden Fragestellungen:

Genaues Fokussieren des Ziels

- Wie können wir unser Unternehmen als attraktiven Arbeitgeber am Markt positionieren?
- Wie können wir unser Prämiensystem leistungsgerechter gestalten?
- Wie können wir unser Beschwerdemanagement zu einem Kundenbindungsinstrument ausbauen?

Wenn Sie Fragestellungen mit dieser Flughöhe bearbeiten, ist das genaue Fokussieren des Zieles gefragt. Darüber hinaus werden Sie in der Regel zu konkreten (Handlungs-)Empfehlungen kommen, die einem Entscheidungsgremium vorgelegt werden. Wird grünes Licht für diesen gezielten Wurf beschieden, mündet Ihr Konzept in einem klassischen Projekt. Das Resultat dieser Stufe wird eine praktische Richtschnur zur Umsetzung des Themas sein. Zur konkreten Planung der Umsetzung und ökonomischen Planung kann im weiteren Verlauf dann ein detaillierter Maßnahmenplan erarbeitet werden.

Manchmal steht man aber noch ganz am Anfang von Überlegungen und möchte erst einmal in einer Skizze überprüfen, ob es sich lohnt, ein Thema intensiver zu bearbeiten. Hierbei geht es dann um das kreative Entwickeln von Ideen und Möglichkeiten. In diesem Stadium ist die Konzeptidee vergleichbar mit einer frisch gekeimten Pflanze. Beide befinden sich in einem empfindlichen Zustand und bedürfen eines guten Nährbodens, guter Pflege und Schutzes, um sich bestmöglich entwickeln zu können. Für die keimende Konzeptidee heißt das, dass neue Themen und Ansätze Raum und Zeit zum Reifen brauchen, damit sie eine sichtbare Gestalt annehmen können. Liebevolles Begießen ist natürlich auch förderlich. Vorschnelles und kritisches Überprüfen auf zum Beispiel Machbarkeit oder gar der Ableitung konkreter Handlungsempfehlungen hingegen ist in diesem Stadium eher hinderlich, weil das Pflänzchen einfach noch nicht so weit ist und kritisches Beäugen jede Kreativität im Keim ersticken lässt.

Konzepte können also sehr unterschiedliche Funktionen bedienen.

Funktionen von Konzepten

1. strategische Entscheidungshilfe
2. praktische Richtschnur für ein konkretes Thema
3. ökonomische Planungsbasis zur Umsetzung eines Themas
4. erste Annäherung an ein Thema (Skizze)

Auf welcher Flughöhe sind Sie mit Ihrem Konzept unterwegs?
Geht es um Strategie oder handfeste Maßnahmenpakete? Oder
einer ersten Annäherung an ein Thema? Die folgende Grafik veranschaulicht die verschiedenen Konzeptarten mit ihren unterschiedlichen Anforderungen an den Detaillierungsgrad und den
Planungshorizont.

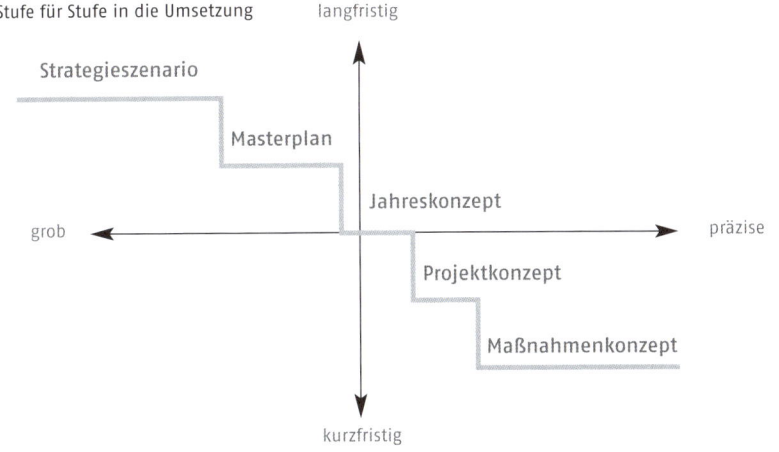

Die Konzepttreppe: Grundsätzliche Konzeptarten im Überblick
(angelehnt an Schmidbauer & Knödler-Bunte 2004, S.24)

Das Schaubild „Konzepttreppe" zeigt die grundsätzlichen Kon-   **Langfristige**
zeptarten im Überblick. In manchen Konzepten geht es um die   **Planungen im**
strategische Ausrichtung eines Unternehmens oder eines Be-   **Strategieszenario**
reiches, während für andere Konzepte Detailarbeit erforderlich
ist. Beginnen wir unsere Betrachtung mit dem Strategieszenario.
Konzepte in diesem Bereich sollen die Frage beantworten: Wo
wollen wir langfristig hin?

Bei den sogenannten Strategieszenarien oder Strategiekonzep-
ten handelt es sich meist um längerfristige Planungshorizonte
von drei bis fünf Jahren. In manchen Bereichen werden sogar

über Jahrzehnte Szenarien entwickelt (z. B. in der Raumfahrt oder Energiewirtschaft). Solche Konzepte sind häufig zunächst grob skaliert. Der Brückenschlag, der den Weg in die Zukunft und damit in die Umsetzung vornimmt, bildet der Masterplan. Er ist wesentlich konkreter als das Strategiekonzept und beinhaltet die Rahmenbedingungen und die geplanten Meilensteine zur Umsetzung der Strategie.

Einjähriger Planungshorizont

Folgen wir der Konzepttreppe auf die nächste Stufe, so finden wir das Jahreskonzept. Die meisten Unternehmen richten ihre zentralen Denk- und Planungszyklen auf Jahreszyklen aus (z. B. auf betriebswirtschaftliche Planungssysteme). Daher fußen viele Konzepte auf einem einjährigen Planungshorizont. Jahreskonzepte koordinieren die Aktivitäten bezogen auf das Geschäftsjahr.

Die wohl häufigste Konzeptart ist das Projektkonzept. Es koordiniert die Aktivitäten bezogen auf ein abgegrenztes inhaltliches Thema. Während eine Projektskizze eine grobe Annäherung an ein Thema darstellt, beantworten Projektkonzepte auf dieser Ebene präzise die Fragestellung: Wie kommen wir dahin? Sie beinhalten damit sowohl eine Strategie, wie das spezifische Thema bearbeitet werden soll, als auch konkrete Maßnahmenvorschläge.

Genaue Zeit- und Ressourcenpläne

Die Detaillierungsarbeit endet schließlich im Maßnahmenkonzept mit genauen Zeit- und Ressourcenplänen. Hier werden die Antworten auf die klassische Frage gefunden, die erst jedes Umsetzungsvorhaben wirklich konkret macht: Wer macht was bis wann?

Wir haben nun gesehen, welche unterschiedlichen Arten von Konzepten es gibt und wie unterschiedlich die Anforderungen an Konzepte aussehen können. Es kann demnach keinen allgemeingültigen Standard geben, der für alle Konzeptarten gleichermaßen passt. Dennoch gibt es Leitlinien, die für alle Konzepte relevant sind und eine gelungene Erstellung sichern:

In den folgenden zwei Kapiteln werden diese Erfolgsfaktoren der Konzeptarbeit erläutert.

Tipp: Die Konzepttreppe zeigt Ihnen sehr anschaulich: Denken Sie in alle Richtungen!

Der Anstoß, sich mit einem Thema zu beschäftigen, entsteht nicht ohne Bezug und Zusammenhang. Ideen für Konzepte leiten sich häufig von umfassenderen Strategien ab und sollen dementsprechend auch auf diese hinzielen. Für einen besseren Überblick bezüglich eines Vorhabens erklimmen Sie die Stufen der Konzepttreppe nach oben. Beleuchten Sie und fragen Sie aktiv nach, vor welchem Hintergrund der Bedarf an diesem Thema entstanden ist, aus welchen übergeordneten Vorhaben, Strategien oder Konzepten Ihr Auftrag abgeleitet wird und welche weiteren Themen parallel dazu bearbeitet werden. Versuchen Sie diesen Hintergrund abzuklopfen, denn nicht immer denkt der Auftraggeber von sich aus daran.

Konzepte fallen nicht vom Himmel

Tipp: Machen Sie den Fokus weit, damit Sie die ganze Landschaft sehen!

Konzepte benötigen der Konkretisierung, damit sie vom Papier zum Leben und zum Erfolg erweckt werden. Strategien, Ideen und Vorhaben bleiben auf Papier, wenn sie nicht durch Maßnahmenpakete präzisiert und terminiert werden. Zur Konkretisierung eines Vorhabens folgen Sie den Treppenstufen nach unten.

Tipp: Fokussieren Sie Ihren Blick, damit Vorhaben zu konkreten Handlungen werden!

2.4 Warum scheitern so viele Konzepte?

Wie oft haben Sie schon erlebt, wie mit großem Schwung und großen Worten Themen angeschoben, konzeptionelle Ausarbeitungen in Auftrag gegeben und pilotiert wurden – und dann versandeten? Mit Ihren Beobachtungen stehen Sie übrigens nicht alleine da: Denn 70 Prozent der Konzepte scheitern.

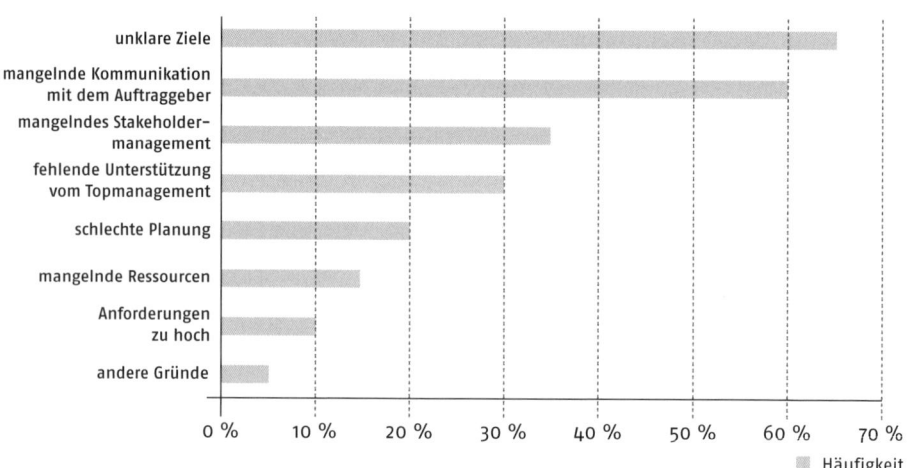

Gründe für das Scheitern von Konzepten

Kommunikation ist entscheidend Schaut man sich die in der Abbildung dargestellten Gründe für das Scheitern von Konzepten an, so erkennt man die größten Hürden zum Erfolg deutlich: „Unklare Ziele" und „Mangelnde Kommunikation mit dem Auftraggeber" (Mehrfachnennungen waren bei dieser von mir durchgeführten Befragung möglich). Mit etwas Abstand folgen dann die Themen „Mangelndes Stakeholdermanagement" und „Fehlendes Commitment vom Topmanagement". Das sind alles Kommunikationsthemen: Sie betreffen zum einen die direkte Kommunikation zwischen Auftraggeber und Auftragnehmer und zum anderen die Kommunikation in das Unternehmen hinein. Bemerkenswert ist, dass diese Abstimmungsthemen, die ja vergleichbar einfach zu bewältigen sind, weit vor den Themen mangelnder Ressourcen und zu hoher Anforderungen liegen.

Ergebnisse von Studien aus dem themennahen Bereich des Projektmanagements (Schwerpunkt im Projektmanagement ist mehr die Steuerung als die thematische Erarbeitung eines Themas) bestätigen diese Erkenntnisse und benennen ebenfalls nicht abgestimmte Ziele und unklare sowie unregelmäßige Kommunikation als wichtigste Gründe für Misserfolg. Die gute Nachricht ist, dass diese Faktoren sowohl vonseiten des Auftraggebers als auch des Auftragnehmers steuerbar sind. Mit einem geschärften Bewusstsein für die Prozesse und Stolpersteine und etwas Handwerkszeug lassen sich diese Misserfolgsfaktoren einfach in Erfolgsfaktoren für Konzepte und Projekte umwandeln.

Die Grundlage dafür legen Sie übrigens gleich zu Beginn Ihrer Arbeit vor allem im Auftragsklärungs- bzw. Zielgespräch. Was Sie dabei berücksichtigen sollten und wie Sie vorgehen können, damit Ihr Konzept erfolgreich wird, erfahren Sie in Kapitel 3.1.

2.5 Kriterien für gelungene Konzepte

Konzepte sind äußerst vielfältig – aber gute Konzepte, die Aussicht auf eine erfolgreiche Umsetzung haben, folgen generell dem ZEBRA-Prinzip.

Dem ZEBRA-Prinzip folgen

Das ZEBRA-Prinzip

Gelungene Konzepte sind:
Zielorientiert
Empfängerorientiert
Beherzt auf den Punkt gebracht
Realistisch geplant
Auslöser für Aktivitäten

Tipp: Nutzen Sie den „Zebrastreifen" zur Entwicklung eines Erfolg versprechenden Konzeptes!

Gelungene Konzepte sind zielorientiert

Ein gemeinsames Zielverständnis

Arbeiten Sie die Ziele präzise heraus. Sie bilden die Grundlage Ihrer Arbeit und stellen den ersten Schritt auf dem Weg zum Ziel und zum Finale dar. Sorgen Sie dafür, dass nicht nur Sie und Ihr Auftraggeber, sondern alle Beteiligten zu Beginn der Arbeit ein gemeinsames Zielverständnis haben. Sorgen Sie für Abstimmungstermine, um die Zielerreichung zu überprüfen und auch bei Änderungen der Ziele, der Rahmenbedingungen und sonstigen Wäg- oder Unwägbarkeiten weiterhin zielorientiert vorgehen zu können. Denn: Nicht immer ist die Zielgerade eine Gerade.

Gelungene Konzepte sind empfängerorientiert

Selbst die treffsichere Herausarbeitung des Zieles und die systematische Erarbeitung der Inhalte sind keine Garantien für ein erfolgreiches Konzept. Der zweithäufigste Grund für das Scheitern liegt – wie bereits festgestellt – im Bereich mangelnder Kommunikation. Das betrifft zum einen die Notwendigkeit, überhaupt und regelmäßig mit den Auftraggebern, Stakeholdern und später ebenso mit denjenigen zu kommunizieren, die das Thema umsetzen werden. Zum anderen betrifft es die Art der Kommunikation. Sorgen Sie dafür, dass man Ihre Ideen nachvollziehen und verstehen kann.

Auch für Fachfremde nachvollziehbar bleiben

Ein großes Problem liegt darin, dass die meisten Konzepte aus der Sicht und Erfahrungswelt des Autors geschrieben sind und hartnäckig in dieser Welt bleiben. Kommt der Empfänger nun aus anderen Fachbereichen (z. B. aus der IT und einer Fachabteilung), aus einer anderen Branche oder einer anderen Fach- oder Arbeitswelt und es findet keine Übersetzungsarbeit statt, dann sind die Konzepte für den Empfänger oft schwer oder kaum nachvollziehbar. Gute Konzepte hingegen sind von Experten geschrieben, beinhalten eine Expertise seines Fachgebietes, liefern aber eine empfängerorientierte Aufbereitung. Gelungene Konzepte sind für Fachfremde insofern nachvollziehbar, als das Ziel, der Nutzen und die geplante Vorgehensweise empfängerorientiert formuliert und strukturiert werden.

Gelungene Konzepte sind beherzt auf den Punkt gebracht

Häufig sind Konzepte zu umfangreich gehalten, sprachlich umständlich formuliert und nicht schlüssig aufgebaut. Die meisten Leser – und ganz besonders Entscheider – haben jedoch wenig Zeit und wollen ohne Umwege erfahren, worum es geht. Leseverhaltensforscher haben herausgefunden, dass innerhalb der ersten drei Sekunden entschieden wird, ob ein Text interessant erscheint.

Bringen Sie Ihr Konzept also lieber in Sprache und Struktur beherzt auf den Punkt. Formulieren Sie einfach und verständlich. Folgen Sie einem roten Faden und machen Sie diesen transparent. Finden Sie „sprechende Überschriften" für Ihren Faden und die Gliederungspunkte. Fokussieren Sie sich und den Leser durch Kernbotschaften.

Einfach und verständlich formulieren

Gelungene Konzepte sind realistisch geplant

In der Konzeptarbeit sind zwei Arbeitsprozesse zu planen: die Konzepterstellung selbst und die Lösungen und Aktivitäten, die Sie in Ihrem Konzept vorschlagen.

Planen Sie zunächst Ihren eigenen Arbeitsprozess der Konzepterstellung. Bedenken Sie, dass Konzeptarbeit Zeit erfordert. Nehmen Sie sich diese – auch für eine realistische Zeitplanung. Beachten Sie den Stolperstein Nr. 3 (Kapitel 2.1) und die entsprechenden Tipps.

Wenn Sie in Ihrem Konzept Lösungen und Aktivitäten vorschlagen, bringen Sie diese ebenfalls in einen realistischen und anschaulichen Zeitplan. Damit helfen Sie dem Leser nachzuvoll-
ziehen, wie und mit welchem Aufwand Ihre Lösungsvorschläge
umgesetzt werden können.

Gelungene Konzepte sind Auslöser für Aktivitäten

Gelungene Konzepte bieten intelligente, wirtschaftliche und
pragmatische Lösungen für Probleme und Ziele. Sie zeigen Lösungen auf, beschreiben eine klare Strategie und kommen je
nach dem Detaillierungsgrad auch zu konkreten Empfehlungen
für Aktivitäten, wie das Ziel erreicht werden kann. Gelungene
Konzepte wollen Aktivitäten auslösen und zeigen klar, was zu tun
ist. Sie fordern zu konkreten Aktivitäten auf.

Konzepte, die Aussicht auf erfolgreiche Umsetzung haben, bieten dem Leser eine Antwort auf seine wichtigsten Fragen: Wozu
soll ich das jetzt lesen? Was soll ich dann tun?

2.6 Die Konzeptphasen

Nachdem wir uns in den vorherigen Unterkapiteln damit beschäftigt haben, was gelungene Konzepte auszeichnet, wende
ich mich nun der Frage zu: Wie können Sie vorgehen, damit Sie
sicher und schnell erfolgreiche Konzepte erstellen können?

Das Problem bei der Konzepterstellung liegt darin, dass mehrere und vielfältige Herausforderungen bewältigt werden wollen.
Derjenige, der Konzepte schreiben soll oder in Eigenregie entwickeln will, kämpft dann häufig an mehreren Fronten gleichzeitig:

- Was will der Auftraggeber?/Was will ich?
- Was weiß ich bereits zum Thema?
- Woher bekomme ich Informationen?
- Wie komme ich auf neue Ideen?

zahlreichen durchgearbeiteten Nächten und verworfenen Entwürfen schläft das Thema ein.

„Auftragserteilungen" dieser Art gibt es häufiger, als Sie vermuten. Nebulöse Ideen werden als Aufträge abgesetzt und dann orientierungslos bearbeitet. Das erklärt, warum so häufig konzeptionelles Arbeiten als „Schießen auf bewegliche Ziele" empfunden wird und viele Konzepte scheitern.

„Schießen auf bewegliche Ziele"

Darum:

- Kein Auftrag zwischen Tür und Angel!
- Kein Start ohne ausführliche Auftrags- und Zielklärung!

Herr Schmidt aus dem oben beschriebenen Beispiel wäre gut beraten gewesen, sich einen Termin beim Geschäftsführer geben zu lassen, um den Auftrag genau zu klären.

Die Auftragsklärung ist die erste und zugleich wichtigste Phase in der Konzepterstellung. Hier wird bestimmt, wohin die Reise gehen soll und wie Sie sich über den Verlauf der Reise, über Kursrichtung und Etappenziele abstimmen möchten. Wenn wir noch einmal unser Beispiel nehmen, so kann sich Herr Schmidt nun Gedanken machen über die Gestaltung der Niederlassungen und der Fahrzeuge, über das Corporate Design der Geschäftspapiere, Visitenkarten und Werbemittel (Flyer, Kugelschreiber usw.), über das Auftreten der Außendienstmitarbeiter und deren PowerPoint-Präsentationen und über eine Neukonzeption der Homepage. Deutlich wird an diesem Beispiel, wie unterschiedlich das Thema aufgefasst werden kann und wie wichtig eine gute Abstimmung ist, bevor „losgelegt" wird. Häufig haben diese ad hoc angebrachten „Wir-brauchen-da-mal"-Themen wenig Bezug zu dem zugrunde liegenden Anliegen. Die angedachte Lösung muss nicht unbedingt das Problem beheben.

Nehmen Sie sich anfangs lieber die Zeit, ein gemeinsames Verständnis der Ausgangssituation, der Zielvorstellungen und der Zusammenarbeit herzustellen. Mit diesem ersten Schritt legen

Gemeinsames Verständnis der Ausgangssituation

Sie Richtung und Art der Zusammenarbeit fest. Stellen Sie sich vor, Sie schlüpfen morgens in Ihr Hemd. Ist der erste Knopf nicht richtig geknöpft, kann der Rest nicht passen. Nun ist eine Auftragsklärung ein komplexerer Prozess als das Zuknöpfen von Hemden, da sich hier mehrere Menschen darüber verständigen müssen, welches die richtigen „Knöpfe und Knopflöcher" sind.

Zur Veranschaulichung, welche Stolperfallen in der Kommunikation selbst eines simplen Auftrages liegen können, nutze ich in meinen Trainings gerne folgendes kleine Beispiel: Ich bitte einen Teilnehmer nach vorn, der die Anweisung erhält, ein Blatt Papier dreimal zu falten und jeweils die rechte obere Ecke abzureißen. Parallel dazu soll er die anderen Teilnehmer anleiten, ihre Papiere auf die gleiche Art zu bearbeiten, sodass identische Arbeitsprodukte entstehen. Nun füge ich noch zwei erschwerende Bedingungen hinzu, die das übliche betriebliche Geschehen widerspiegeln: Zum einen erfolgt Kommunikation in Unternehmen oft nicht von Angesicht zu Angesicht, sondern per Telefon, Mail oder Fax – also ohne direkten Sichtkontakt. Also bitte ich die Teilnehmer sich mit ihren Stühlen umzudrehen, sodass sie zur Wand schauen und den Auftraggeber nicht sehen. Zum anderen scheuen sich erfahrungsgemäß viele Erwachsene nachzufragen, wenn sie etwas nicht verstanden haben. Dementsprechend unterbinde ich in dieser Übung das Nachfragen der „nachfaltenden und nachreißenden Auftragnehmer".

Unpräzise Aufträge liefern unbrauchbare Ergebnisse

Das Ergebnis? Jeder faltet und reißt nach subjektiv verstandener Anweisung und bestem Wissen und Gewissen. Innerhalb weniger Sekunden füllt sich der Raum mit allgemeiner Heiterkeit. Es wird schnell offenkundig, dass ein Auftrag natürlich niemals so präzise beschrieben (und gehört) werden kann, dass alle identische Arbeitsergebnisse aufweisen. Die Angaben werden so aufgenommen, wie es aus der individuellen Perspektive heraus sinnvoll, machbar und richtig erscheint.

Gemeinsam wird dann in meinen Trainings erarbeitet, was für ein abgestimmtes Ergebnis hilfreich gewesen wäre. Es ist offen-

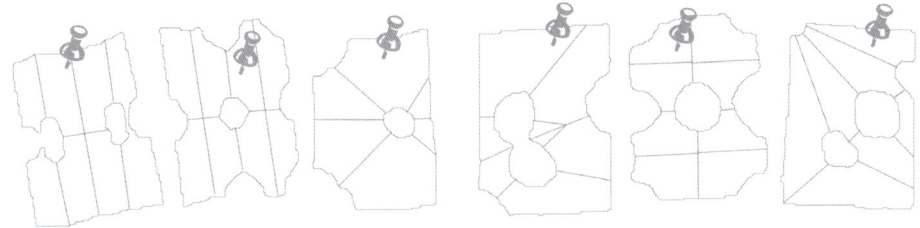

sichtlich, dass verständliche, präzise und eindeutige Angaben wichtig sind. Tatsächlich kann jedoch ein Vorgang nicht so exakt beschrieben werden, dass keine Missverständnisse möglich sind. Dann bräuchte man für drei Minuten Falten und Reißen drei Stunden Erklärung und würde sich damit ein weiteres Problem einhandeln: Zu viele Informationen, die in der Fülle nicht verarbeitet werden können.

Die Fähigkeit des Menschen, Informationen bewusst aufzunehmen und zu verarbeiten, ist durch unsere Aufmerksamkeit gesteuert und stark begrenzt. Aufmerksamkeit ist ein sehr aktiver und höchst komplexer Prozess, der uns einen überschaubaren Ausschnitt der Welt präsentiert. Selbst wenn wir nur dösend im Sessel sitzen, prasseln pro Sekunde 11 Millionen Sinneseindrücke auf uns ein (beschreibt Gerald Traufetter eindrucksvoll in seinem Buch „Intuition – Die Weisheit der Gefühle"). Wenn wir alle diese Reize gleichzeitig wahrnehmen würden, die über unsere Sinnesorgane auf uns einstürmen, dann wären wir kaum handlungsfähig und könnten zum Beispiel nicht unbeschadet eine viel befahrene Straße überqueren. Daher wird gefiltert (d. h. nicht wahrgenommen, vergessen, angepasst usw.) und fokussiert, was das Zeug hält. Diese eigenwillige Weiterleitung von Information bzw. das Unterlassen der Weiterleitung hat durchaus ihren Sinn, denn sonst würden alle Informationen ungefiltert gleichermaßen ins unser Bewusstsein dringen und im Langzeit-

Unsere Aufmerksamkeit ist begrenzt

speicher gelagert werden. Dann müsste unser Gehirn vermutlich mehrere Tonnen wiegen und wäre außerdem vollkommen überfordert.

Stattdessen hat die Natur es so eingerichtet, dass nur bewusst verarbeitet und behalten wird, was unsere Aufmerksamkeit erhält. Diese Spanne ist begrenzt auf die „magische Zahl Sieben". George A. Miller prägte diesen Begriff durch sein Werk „The Magical Number Seven, Plus or Minus Two". Wir können also fünf bis maximal neun Informationseinheiten, das heißt Arbeitsanweisungen, Stichpunkte oder Themen, gleichzeitig in unserem Arbeitsspeicher halten (mehr dazu in Kapitel 3.4). Wenn diese Informationen dann nicht dauerhaft abgelegt werden (durch Notizen oder Verankerung im Langzeitgedächtnis), werden sie vergessen.

Tipp: Achten Sie auf die magische Zahl Sieben! Wir können nur fünf bis maximal neun Informationseinheiten gleichzeitig in unserem Arbeitsspeicher halten.

Von der Anweisung zum Auftrag

Bei der Auftragsklärung sind also mehr Informationen nicht unbedingt hilfreicher. Stattdessen stellt sich als zentraler Verständigungsbeschleuniger heraus: Ein Zielbild des gewünschten Arbeitsergebnisses zu sehen, wäre sehr nützlich, denn ein Bild beschreibt mehr als 1000 Worte. Eine Skizze oder ein Prototyp würde etwa eine möglichst anschauliche Vorstellung des gewünschten Ergebnisses schaffen. Nicht immer gibt es bereits ein greifbares Bild der zu erzielenden Arbeit – oft soll sie ja erst entwickelt werden. Wenn der Auftragnehmer sich jedoch eine Vorstellung über den Sinn des Auftrages machen kann und erkennt, wozu das Arbeitsergebnis im Weiteren benötigt wird (Wo dockt mein Arbeitsergebnis an andere Bereiche an? Müssen durch die Aussparungen andere Bauteile passen? usw.), dann kann der Auftragnehmer selber mitdenken. Er kann nun die fehlenden oder missverständlichen Informationen so ergänzen, dass es in den Kontext und die beabsichtigte Funktionalität passt. Darüber hinaus kann und wird er eigene Ideen entwickeln, wie das gewünschte Ergebnis noch besser erreicht werden kann. So wird eine Arbeitsanweisung zu einem Auftrag! Man erspart sich nicht nur langwierige und umständliche Informationsschleifen, sondern ermöglicht ein Arbeiten, das zielgerichtet ist und Spaß macht. So einfach ist Empowerment.

> *„Wer nicht weiß, in welchen Hafen er segeln will,*
> *für den ist kein Wind ein guter."*
> LUCIUS ANNAEUS SENECA,
> RÖMISCHER PHILOSOPH UND STAATSMANN

Diese Erkenntnis von Seneca war nicht nur für die alten Seefahrer nützlich. Auch für uns gilt: Ohne Ziel ist der beste Kompass nutzlos. Solange Sie Ihre Ziele nicht kennen, werden Sie nicht wissen, ob Sie sich auf dem richtigen Weg befinden. Wahrscheinlich ist die Erkenntnis, wie wichtig Ziele sind, nicht neu für Sie. Es hat sich durchaus herumgesprochen, dass Ziele die Voraussetzung für effektives Arbeiten bilden. Aber Hand aufs Herz: Wie oft erhalten Sie klare Aufträge oder wie oft sind es eher rudimentäre Anweisungen? Was ist dementsprechend zu beachten, um brauchbare Ziele zu formulieren? In der Wirtschaftswelt hat sich dafür mit der SMART-Regel ein einfaches Modell etabliert.

Ziele als Voraussetzung für effektives Arbeiten

Orientieren Sie sich bei der Zielformulierung an der SMART-Regel:

Spezifisch: Klären Sie genau, was erwartet wird!
Messbar: Vereinbaren Sie, wie sie erkennen wollen, wann das Ziel erreicht ist!
Attraktiv: Ist das Ziel akzeptiert, wird der Nutzen deutlich?
Realistisch: Ist das Ziel anspruchsvoll, aber auch erreichbar?
Terminiert: Gibt es einen klaren Endtermin?

Es gilt also wolkige Ansinnen wie zum Beispiel „Optimierung der Außendarstellung" in ein konkretes Ziel umzuwandeln. Eine Konkretisierung nach der SMART-Regel könnte dann sein:

- **Spezifisch:** Verbesserung der Homepage besonders im Hinblick auf Suchmaschinenoptimierung, kompatibel mit Smartphones
- **Messbar:** Steigerung der „Page Impressions" um 30 Prozent, Resultat bei der Google-Suche in allen Städten auf der ersten Seite im Nichtbezahlbereich
- **Attraktiv:** Bessere Wahrnehmung des Unternehmens und der Angebote, Imagegewinn
- **Realistisch:** Erstellung der Homepage bis Mitte des Jahres bei einem Budget von 50 000 Euro
- **Terminiert:** Konzept bis 31. März, Fertigstellung der Homepage bis 30. Juni

Das Ziel könnte nun ausformuliert lauten: Erstellen Sie bis zum 31. März ein Konzept zur Verbesserung unserer Homepage. Neben einer zeitgemäßen Gestaltung und Anbindung (kompatibel mit Smartphones) beinhaltet das gewünschte Ergebnis eine Suchmaschinenoptimierung mit einer Steigerung der „Page Impressions" um 30 Prozent und der Platzierung bei der Google-Suche auf der ersten Seite im Nichtbezahlbereich. Die Umsetzung soll bis 30. Juni bei einem Budget von 50 000 Euro erfolgen.

Manchmal mehrere Gespräche nötig Um eine derartige Präzisierung des Anliegens und der konkreten Erwartungen zu erreichen, bedarf es aktiver Kommunikation und eventuell mehrerer Gespräche. Nicht immer werden Sie zu Beginn Ihrer Arbeit gleich zu einem wirklich messbaren Ziel gelangen. Dann kann es sinnvoll sein, dass Sie zunächst ein bis drei Lösungsansätze entwerfen (Konzeptskizze) und diese dann einer weiteren Klärung unterziehen, bevor Sie in eine falsche Richtung loslaufen.

Im beruflichen Kontext ist ein Auftrag in der Regel umfangreicher gestaltet als die simple dreiminütige Origamiaufgabe aus meinen Trainings. Statt Papiere zu falten geht es meist um komplexe Themen wie etwa die Außendarstellung eines Unternehmens, Mitarbeitermotivation, IT-Konzepte oder Bauprojekte. Gerade bei diesen vielschichtigen Themen ist eine gute Auftragsklärung überaus wichtig und verbleibt dennoch oft im Unklaren.

Was ist eigentlich an der Auftrags- und Zielklärung so schwierig? Der Auftraggeber muss doch wissen, was er will – oder? Wenden wir uns zunächst den Gründen für Unklarheit zu, um anschließend zu sehen, wie Sie Licht und Transparenz in die Auftragsklärung bringen können.

Unklarheiten und deren Ursachen

1. Der Auftraggeber weiß, was er will, aber drückt sich missverständlich aus

Diese Situation tritt häufig auf, wenn Fachabteilung und IT-Abteilung aufeinandertreffen, denn hier liegen oft ein geringes Verständnis für die gegenseitige Arbeitssituation und ein komplett eigener Sprachgebrauch vor. Nicht umsonst werden in vielen Unternehmen Stimmen nach einem Dolmetscher laut, der beide Arbeitsprozesse versteht und beide Sprachen beherrscht.

Welten treffen aufeinander

So stellt die Fachabteilung vielleicht an die IT die Anforderung, ein Management-Informationssystem zu konzipieren. Auf Nachfrage äußert der Kunde dann, dass er einen Überblick über Kunden, Sparten und Produkte haben möchte. Wenn jetzt bereits konzipiert und nicht weiter nachgefragt wird, erhält der Kunde eventuell ein Customer-Relationship-System. Reagiert der Kunde nun entsetzt, weil er damit ja gar nicht die Projektkosten kalkulieren kann, wird spätestens jetzt deutlich, dass der Kunde eigentlich ein System zur Kostenanalyse wollte.

Je nachdem, in welchem Kontext gearbeitet wird, werden Zusammenhänge und Sprache anders eingeordnet und verstanden. Wenn jemand mit tränenden Augen und tropfender Nase davon spricht, dass gerade ein Virus unterwegs ist, wappnen sich die

Kollegen aus der gleichen Abteilung eventuell mit Taschentü-
chern und Vitamin C, während Kollegen der IT ein paar Zimmer
weiter nicht diese Kontextinformationen haben und bei dem
Stichwort Virus ganz andere Gedankengänge haben. Dann werden womöglich hektisch alle Systeme heruntergefahren ...

Virus ist nicht gleich Virus Vergewissern Sie sich im Zweifelsfall lieber, dass Sie über die gleichen Dinge sprechen. Klären Sie, was der Zweck des Anliegens ist, und sorgen Sie für ein abgestimmtes gemeinsames Ver-
ständnis der Situation, der Ziele und der Begrifflichkeiten. Wenn
die Gesprächspartner sich in unterschiedlichen Tätigkeitswelten
bewegen, was bei einer Auftragserteilung ja häufig der Fall ist,
sollten Fachthemen und -begriffe auf beiden Seiten geklärt bzw.
rückgekoppelt werden. Das Problem ist, dass wir oft erst durch
diese Rückkopplung merken, dass wir über unterschiedliche
Dinge reden, wenn wir zum Beispiel Begriffe wie Außendarstellung, Managementinformationssystem oder Virus verwenden.
Wenn dies nicht passiert, füllt das Gehirn des Gesprächspartners
automatisch die fehlenden Puzzleteile nach seinen (und nicht
Ihren) Vorstellungen auf und verpasst damit möglicherweise
wesentliche Dinge. Vorsicht also bei der Verwendung von Fach-
termini und Abkürzungen, die eine Präzision und/oder Fachkompetenz suggerieren oder voraussetzen, die nicht unbedingt
vorhanden sein muss.

Tipp: Sie sind der Experte des Bereiches, den Sie vertreten.
In der Phase der Auftragsklärung haben Sie also neben der
Rolle des Auftragnehmers oder Dienstleisters zusätzlich eine
Beraterrolle inne. Helfen Sie also Ihrem Gesprächspartner
bei der Konkretisierung des Anliegens! Fragen Sie nach,
klären Sie Fachbegriffe, finden Sie gemeinsam positive statt
negative Zielformulierungen, verständigen Sie sich mithilfe
von konkreten Beispielen, wie das gewünschte Ergebnis
aussehen soll!

2. Der Auftraggeber weiß, was er will, will aber keine Verantwortung übernehmen

Das heißt so viel wie: Wasch mich, aber mach mich nicht nass. Hinter manchen Anfragen stehen implizite oder sogar versteckte Aufträge. Der Auftraggeber möchte zum Beispiel, dass Personal bewertet oder reduziert wird und will jedoch nicht den Unmut auf sich ziehen. So wird vordergründig eine Maßnahme zur Führungskräfteentwicklung bestellt. Man vereinbart eine Trainingsreihe für Führungskräfte mit verschiedenen Modulen zum Selbstmanagement, zur Mitarbeiter- und Teamführung und zu verschiedenen integrierten Maßnahmen. Die Termine sind gesetzt und dann lässt der Auftraggeber plötzlich durchblicken, dass er vom Trainer eine Einschätzung der Potenziale der einzelnen Teilnehmer erwartet, denn eigentlich stehe für das Unternehmen gerade das Thema „Nachfolgeplanung" an – unter der Hand, versteht sich, man wolle ja keine Pferde scheu machen.

Ziele hinter den Zielen beachten

Aufträge dieser Art sind höchst problematisch, weil sie – ungeklärt – dazu führen, dass Sie den Erwartungen nicht gerecht werden. Weder denen des Auftraggebers noch denen der Teilnehmer noch Ihren eigenen. Wenn das Hauptanliegen des Auftraggebers eine Potenzialeinschätzung und Auswahl seiner Führungs- und Führungsnachwuchskräfte ist, dann ist ein Potenzialaudit die geeignete Methode. Hier werden Anforderungen an die zukünftige Führungsmannschaft definiert, systematisch Beobachtungssituationen gestaltet und sorgfältige Einschätzungen der vorhandenen Kompetenzen vorgenommen. Anders im Training: Hier werden Übungssituationen geschaffen, in denen die Teilnehmer sich frei und ohne Konkurrenzgedanken in einem geschützten Raum unter Anleitung und mit Feedback ausprobieren sollen und neue Kompetenzen einüben können. Das gelingt nur in Vertrauen und Vertraulichkeit. Demnach wird ein Trainer nur in Absprache mit den Teilnehmern Informationen aus dem Training heraus weitergeben. Alles andere torpediert das Vertrauen, die gemeinsame Arbeitsbasis und das gewünschte Ergebnis.

Tipp: Klären Sie die Ziele hinter den Zielen und hinterfragen Sie präzise den erwarteten Nutzen! Klären Sie Rollenerwartungen genau ab! Und sorgen Sie für Transparenz über Ziele, Erwartungen, Vorgehen und Rollen für alle Beteiligten! Verdeutlichen Sie Grenzen!

3. Der Auftraggeber weiß nicht genau, was er will

Keine konkrete Vorstellung vom Ziel
Häufig weiß der Auftraggeber zunächst nicht genau, was er will und braucht. Er nimmt ein Defizit wahr bzw. sieht Verbesserungsmöglichkeiten und hat noch keine konkreten Vorstellungen des Zieles, geschweige denn davon, wie dieses erreicht werden kann.

Gehen wir zurück zu unserem Beispiel, bei dem ein Unternehmer den Eindruck hat, der Außenauftritt seines Unternehmens sei nicht professionell. Wie wir bereits gesehen haben, gibt es viele Ansätze, an das Thema heranzugehen. Hier empfiehlt es sich, eine genaue Situations- und Zielklärung vorzunehmen, denn ein schnelles Festlegen auf einen von vielen möglichen Hebeln zur Professionalisierung des Auftrittes wie etwa die Neugestaltung des Briefpapiers oder der Homepage greift eventuell zu kurz und würde nicht den gewünschten Effekt bringen. So kann das Thema von der Produktgestaltung, welche Leistungen in welcher Form angeboten werden sollen, über die abgestimmte Gestaltung der Kommunikationsmittel bis hin zum Auftreten der Mitarbeiter bearbeitet werden. Oft ergibt erst eine Kombination der verschiedenen Ansätze eine sinnvolle Lösung und das gewünschte Ergebnis.

Tipp: Versuchen Sie das Anliegen genau zu verstehen! Oft liefert die Frage nach dem Anlass wertvolle und sehr konkrete Informationen darüber, was dem Auftraggeber wirklich am Herzen liegt. Fokussieren Sie sich nicht gleich auf ein

Thema, sondern verschaffen Sie sich zunächst einen
Überblick über die Situation! Klären Sie zuerst das Ziel
und erörtern Sie dann systematisch verschiedene Lösungsansätze!

4. Der Auftraggeber weiß nicht, was er nicht weiß

Das bedeutet, es gibt unbewusste und implizite Anforderungen. **Unbewusste**
Häufig sind den Gesprächspartnern Unklarheiten nicht bewusst. **Anforderungen**
Kommunikation wird deshalb gerne mit einem Eisberg vergli- **bewusst machen**
chen. Man nimmt an, dass ungefähr 20 Prozent der Kommunikation aus bewussten Dingen und 80 Prozent aus unbewussten
bestehen. Gehen Sie also getrost davon aus, dass nur ein geringer Anteil der Erwartungen und Bedingungen im Anfangsstadi-
um der Auftragsklärung bewusst ist.

Anforderungen bei der Auftragsklärung (Eisbergmodell)

Tipp: Holen Sie so viele Informationen wie möglich an
die Oberfläche, dann können Sie umso zielgerichteter
Ihr Konzept auf den tatsächlichen Bedarf ausrichten!
Sie sparen viel Zeit, weil Sie sich nachträgliche Auftrags-
klärungsschleifen oder Nachbesserungsarbeiten sparen.

Zusammenfassung „Stolperfallen bei der Auftragsklärung"

1. Der Auftraggeber weiß oft noch nicht genau, was er will.
2. Es gibt immer unklare, missverständliche und implizite Anforderungen.
3. Ein Auftrag bedarf der aktiven Klärung bzw. exakten Formulierung.

Keine Auftragsklärung zwischen Tür und Angel! Je konkreter die Klärungen in der Vorbereitung, desto geringer ist der Aufwand danach!

Checklisten und Tipps zur Auftragsklärung

Gefahr des zu schnellen Interpretierens

Sie sind sich nun der Gefahren des zu schnellen Interpretierens, „Verstehens" und Anbietens Ihrer Lieblingsleistungen bewusst und gehen stattdessen systematisch vor. Die Checkliste im Folgenden hilft Ihnen, beste Startbedingungen für Ihre Konzeptarbeit zu schaffen.

Tipp: Halten Sie einen Auftrag schriftlich fest. Stimmen Sie ihn ab und lassen Sie ihn unterschreiben!

- Was ist das Ziel hinter dem Ziel?
- Welcher Nutzen wird angestrebt (Gewinnmaximierung, Verbesserung der Leistungsfähigkeit usw.)?
- Ist das Thema, welches Sie bearbeiten, Teil einer umfangreicheren Strategie?
- Was ist das Ziel dieser Strategie und wie ist Ihr Thema darin eingebunden?
- Welche Maßnahmen sind vorangegangen, welche folgen noch, an welchen wird parallel gearbeitet?

4. Stufe: Welche Personengruppen sind beteiligt?

Klären Sie im Vorfeld möglichst umfassend, welche Personenkreise welche Interessen im Spiel haben.

- Welche Personen sollen im Vorfeld der Konzeption beteiligt werden?
- Welche Personenkreise werden an der Umsetzung beteiligt sein, welche werden in der Anwendung betroffen sein?
- Welche Personenkreise haben darüber hinaus welche Interessen am Verlauf oder Ergebnis des Themas und sollten Berücksichtigung finden?
- Wer wird das Thema vermutlich unterstützen? Wer wird dem Thema gegenüber kritisch eingestellt sein (Stakeholder, Keyplayer)?
- Wie soll die Kommunikation zu den beteiligten Personengruppen gesteuert werden?

5. Stufe: Wie soll die Umsetzung aussehen?

Manchmal hat der Auftraggeber bereits bestimmte Vorstellungen, wie er ein Thema umgesetzt sehen möchte.

- Sind bestimmte Vorgehensweisen und Methoden und Rahmenbedingungen erwünscht?
- Ist der Einsatz bestimmter Verfahren ausgeschlossen?
- Oder ist der Weg zum Ziel frei wählbar?

6. Stufe: Welche Rahmenbedingungen sind zu berücksichtigen?

Klären Sie ab, welche Rahmenbedingungen Ihnen zur Verfügung stehen.

- Welche Ressourcen dürfen eingeplant werden? Wie viele Personentage soll der Auftragnehmer aufwenden? Welcher weiterer Aufwand an Mitarbeitern, Material, externen Dienstleistern und so weiter kann hinzugezogen werden?
- Welche betrieblichen Vorgaben und welche gesetzlichen Vorgaben sind zu berücksichtigen?
- Welche Befugnisse haben Sie in Bezug auf das Thema und die Ressourcen?

7. Stufe: Was in welcher Zeit?

Vereinbaren Sie unbedingt einen Endtermin und bei komplexeren Themen bzw. bei längeren Zeithorizonten zusätzlich Meilensteine und Abstimmungsrhythmen.

- Wann soll das Konzept fertig erstellt sein?
- Welche Form und welchen Umfang soll das Konzept haben (ausführliche Dokumentation, kompakte schriftliche Darstellung oder Präsentation vor einem Gremium)?
- Wann soll das Thema umgesetzt sein?
- In welchen Abständen wollen Sie die Zwischenergebnisse besprechen?

Auftragsklärung vorantreiben Es folgen nun einige weitere Tipps zur vertieften Auftragsklärung.

1. Zum Perspektivenwechsel einladen

Manchmal kann es sinnvoll sein durch provokative, unerwartete oder einfach veranschaulichende Fragen ein erweitertes Verständnis der Situation zu erarbeiten. Das kann Spaß machen und zu neuen, unerwarteten Ansätzen und Lösungen führen.

Provokative Fragen

- Wie können wir das Thema erfolgreich zum Scheitern bringen?
- Was soll auf keinen Fall passieren?
- Was kann ich tun, um Ihre Ablehnung zu erzeugen?
- Wie können Sie als Auftraggeber dazu beitragen, dass das Projekt scheitert?

Unerwartete Fragen

- Was passiert, wenn nichts geändert wird?
- Ist das Thema wirklich so wichtig?
- Was ist das Gute an der derzeitigen Situation?
- Welchen Nutzen stiften diejenigen, die sich gegen das Thema wehren?

Fragen dieser Art laden zum Perspektivenwechsel ein und verdeutlichen Rollenerwartungen. Sie helfen, festgefahrene Betrachtungsweisen aufzulockern. Sie ermöglichen, Widerstände in ihrer konstruktiven Energie wahrzunehmen und damit positiv nutzbar zu machen.

2. Systematisch vorgehen

Der Auftraggeber wird zu den oben genannten Fragen in der Regel nicht alle Antworten sofort parat haben. Helfen Sie ihm bei der Klärung und Präzisierung seiner Vorstellungen, indem Sie aktiv zuhören und gute Fragen stellen. Gehen Sie dabei systematisch vor. Nehmen Sie zunächst eine Hubschrauberperspektive ein, bevor Sie Ihren Landeplatz anfliegen.

Erst den Überblick, dann das Detail

Der Fragetrichter zeigt, wie es geht: Um eine Situation zu verstehen bzw. zu klären, beginnen Sie sinnvollerweise, indem Sie sich einen Überblick über die Situation verschaffen. In diesem sogenannten Screening sammeln Sie – wie bei einem nach oben offenen Trichter – viele Informationen. Hören Sie zu und stellen Sie offene Fragen wie: „Was ist Ihnen wichtig?" und „Was außerdem?".

In der Praxis wird häufig der Fehler gemacht, dass zu schnell sehr spezielle oder sogar geschlossene Fragen gestellt werden. Dann verlieren sowohl Sie als auch Ihr Auftraggeber möglicherweise den Blick fürs Ganze und verstricken sich bereits am Anfang in Details. Besser ist es, zunächst den Auftraggeber seine Vorstellungen und Wünsche im Gespräch entwickeln zu lassen und dann möglichst viele offene Fragen zu stellen, damit Sie ein umfassendes Verständnis bekommen. Wenn dies erreicht ist, dann erst fangen Sie mit der Fokusbildung an: Was auf jeden Fall? Was auf keinen Fall? Wie genau? Womit? Wer? Bis wann? Hier präzisieren Sie das Thema und grenzen ein und grenzen ab.

Ergebnisse auf den Punkt bringen

Am Ende des Gesprächs bringen Sie nun die Ergebnisse auf den Punkt: Fassen Sie in eigenen Worten zusammen, was Sie verstanden haben. Oft ist es darüber hinaus ratsam, eine schriftliche Notiz anzufertigen (sogenanntes Rebriefing) und dem Auftraggeber noch einmal vorzulegen. In manchen Unternehmen ist eine Unterschrift zur Abnahme des Auftrags üblich. Unterschreiben lassen hat in jedem Fall einen sehr hohen Symbolgehalt und sorgt damit für mehr Verbindlichkeit.

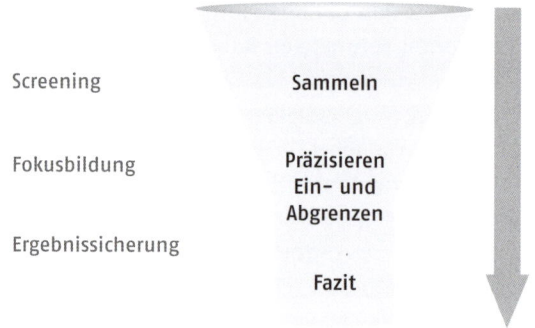

Screening — Sammeln

Fokusbildung — Präzisieren Ein- und Abgrenzen

Ergebnissicherung — Fazit

Der Fragetrichter

3. Hinter dem Thema stehen

Wenn Sie ein Thema übernehmen, dann stehen Sie für dieses Thema. Am Ende heißt es nicht, das Thema sei vor die Wand gelaufen, weil es keine saubere Auftragsklärung gab, sondern es heißt: „Herr Schmidt" hat seinen Job nicht gemacht. Sorgen Sie also dafür, dass Sie hinter dem Thema stehen können!

Den Job nicht gemacht

Beispiel „Mitarbeiterbefragung"
In einer Weihnachtsrede vor der versammelten Belegschaft bekommt ein Personalleiter von seinem Vorgesetzten den Auftrag, eine Mitarbeiterbefragung durchzuführen. Wohin diese Befragung führen soll, was mit den Ergebnissen passieren würde und welche Maßnahmen daraus folgen könnten, bleibt jedoch unklar. Auf Nachfragen beim Geschäftsführer gibt es nur die Antwort, das würde der Personaler schon machen, er sei doch vom Fach. Der Personalleiter startet also die Mitarbeiterbefragung. Die Aufmerksamkeit des ganzen Unternehmens ist nun auf die Ergebnisse ausgerichtet. Man drängt auf die Bekanntgabe und will wissen, wie es denn nun weitergeht. Es gibt gute Rückmeldungen und natürlich gibt es auch Kritik und Änderungswünsche. Allerdings gibt es keinen Plan und kein Budget, wie mit diesen Ergebnissen zu verfahren sei. Am Ende ist die Unzufriedenheit im ganzen Unternehmen größer als vorher, weil Erwartungen geweckt, aber nicht erfüllt wurden. Somit ist dieses aufwendige Projekt sinnlos und sogar demotivierend für Mitarbeiter und Unternehmen. Und am Ende heißt es: Der Personalleiter habe mal wieder seinen Job nicht richtig gemacht.

Häufig liegt eine Schwierigkeit darin, überhaupt an den Auftraggeber heranzukommen. Tatsächlich oder nur subjektiv empfunden thront dieser in unerreichbaren Höhen. Trotzdem kann und sollte man unbedingt mit Mut und Beharrlichkeit versuchen, in Kontakt zu treten. Das direkte Gespräch ist immer die beste Möglichkeit der Kommunikation. Wenn das nicht realisierbar ist, kann zunächst ein Entwurf wie zum Beispiel eine Entscheidungsvorlage mit mehreren Optionen oder eine Konzeptskizze gemacht werden (Kapitel 3.4) und zur Zwischenabstimmung vorgelegt werden.

Hartnäckig bleiben

Auftragsklärung über mehrere Ebenen

Manchmal sind zwischen Ihnen und dem eigentlichen Auftraggeber „Zwischenhändler" geschaltet, die nicht umgangen werden können. So ist es mir einmal passiert: Ich bekam den Auftrag, ein Buch über Trainings zu schreiben. Ursprünglicher Auftraggeber war die EU. An mich trat eine Unternehmensberatung heran, die wiederum von einem Verband beauftragt worden war. Bei mir landete das Anliegen, einer bestimmten Berufsgruppe nur mithilfe eines Buches beizubringen, wie diese erfolgreich Trainings konzipieren und durchführen kann. Ein stolzes Unterfangen! Damit dies gelingen konnte, brauchte ich nähere Informationen über die Vorkenntnisse der Zielgruppe in Bezug auf das Thema, Informationen über Art, Dauer und Rahmenbedingungen der Trainingsveranstaltungen, die diese abhalten sollten – um nur ein paar entscheidende Rahmenbedingungen zu nennen. Aus verschiedenen Gründen konnte ein direktes Gespräch mit dem Auftraggeber leider nicht stattfinden und über das „Stille-Post-Prinzip" war nur eine fragmentarische Klärung der Anforderungen möglich. Keine guten Voraussetzungen!

Ohne Umwege termingerecht zum Ziel

Den Auftrag also ablehnen? Dazu lag mir das Thema zu sehr am Herzen. Also gingen wir in Schritten vor. Ich entwarf ein Grobkonzept mit terminierten Meilensteinen und ließ mir dann die jeweiligen Schritte (Gliederung und Einleitung, 1. Kapitel, 2. Kapitel ...) absegnen und honorieren. So konnte ich hinter dem Thema stehen und mir zugleich die Rückmeldung einholen, ob der Auftraggeber hinter meiner Arbeit stehen würde. Mit dieser Strategie der schrittweisen Auftragsklärung bzw. -präzisierung kamen wir dann sogar ohne Umwege und Nachbesserungen termingerecht zum Ziel.

Tipp: Machen Sie sich im Fall mehrerer Auftraggeber die beteiligten Ebenen bewusst und sondieren Sie die verschiedenen Interessen! Bedenken Sie, dass jede Ebene eigene Interessen hat und sich positionieren muss.

Fazit:

Eine saubere Auftrags- bzw. Zielklärung ist manchmal Schwerstarbeit, aber erst dadurch können Sie realistische Planungen machen und vermeiden zeitraubende, demotivierende und kostspielige Zieländerungen und Zielkonflikte. Einstein sagte einmal: „Wenn ich 60 Minuten Zeit hätte, die Welt zu retten, würde ich 59 Minuten auf die Definition des Problems verwenden." Investieren Sie lieber die „59 Minuten", die werden Sie locker wieder herausholen.

Das eigene Ziel klären

In dem ersten Teil dieses Unterkapitels 3.1 wurde davon ausgegangen, dass jemand (Ihre Führungskraft, Ihr Kunde oder ein Kollege) eine Idee hat und an Sie heranträgt. Was ist aber, wenn Sie selber eine Idee für ein neues Produkt, eine bestimmte Leistung oder eine Verbesserung der bestehenden Abläufe entwickeln möchten?

Selbst eine Idee entwickeln

Beispiel „Produzierendes Gewerbe"
Einer meiner Freunde arbeitet bei einem großen Produktionsbetrieb, der über die Jahre gute Geschäfte machte und kontinuierlich gewachsen war. Mit der Expansion des Unternehmens war zugleich die Abteilung „Auftragsannahme" auf 100 Mitarbeiter gewachsen. Es kam eine Wirtschaftskrise und folglich sank die Nachfrage. Die Mitarbeiter der Auftragsannahme, ausgerichtet auf die Verarbeitung eingehender Bestellungen, hatten kaum noch etwas zu tun. Es schien nur noch eine Frage der Zeit, bis Arbeitsplätze abgebaut werden würden. Doch dann kam meinem Freund die Idee, die Auftragsannahme auch in die andere Richtung arbeiten zu lassen. Er entwickelte ein Konzept zur aktiven Marktbearbeitung. Der Nutzen dieses Vorgehens lag auf der Hand: Umsatzsteigerung, Steigerung des Marktanteils, Ausbau des Images und durch eine flexible Aufgabengestaltung zugleich die Möglichkeit, tote Zeiten und Saisonspitzen auszugleichen. Verbunden mit einem neuen attraktiven Dienstleistungsangebot wurde das aktive Vertriebskonzept ein voller Erfolg.

Idee konkretisieren und verkaufen

Um in diesem Fall ein überzeugendes Konzept zu entwickeln, können Sie auch die im vorherigen Kapitel beschriebenen Stufen der Auftragsklärung zur Konkretisierung Ihrer Idee nutzen. Der hauptsächliche Unterschied liegt darin, dass im ersten Fall der Auftraggeber bereits einen Bedarf erkannt und formuliert hat, während im zweiten Fall Sie den Bedarf erkennen und gegebenenfalls den Auftraggeber noch finden, unbedingt aber überzeugen müssen, dass hier ein Mehrwert geschaffen werden kann. Hier ist es also besonders wichtig, den Nutzen herauszuarbeiten und darzustellen.

Um das zu erreichen, überlegen Sie also zunächst, wem Ihr Konzept nutzen soll, wer also Ihr Auftraggeber sein soll. Das mag auf der Hand liegen, wenn Sie ein Konzept innerhalb Ihres Unternehmens entwickeln. Wenn Sie jedoch ein Produkt oder eine Leistung auf dem Markt anbieten wollen, dann ist es sinnvoll zu prüfen, wer Ihre Zielgruppe sein soll. Dann erst können Sie Ihr Angebot wirklich passgenau maßschneidern.

Beispiel „Meine eigene Produktentwicklung ‚Erfolgreiche Konzepte'"
Als Berater, Trainer und Coach lernt man viele Menschen und Unternehmen kennen. Ein Thema scheint nahezu universell und beharrlich an Mitarbeitern und Führungskräften zu nagen. Das Phänomen heißt „Machen Sie mal eben ..." und kennt keine nationalen oder hierarchischen Grenzen. In großen Konzernen, in eigentümergeführten Firmen und im Mittelstand über alle Branchen und Ebenen hinweg kursieren kleinere und größere Aufträge dieser Art. Wie im vorherigen Kapitel 2 schon ausgeführt, verlaufen leider 70 Prozent dieser Vorhaben im Sand. Mit jedem dahinsiechenden Konzept sinkt unausweichlich die Begeisterungsfähigkeit, Kreativität und Tatkraft der Beteiligten. Gelernt wird, dass Engagement und Innovation im Unternehmen nicht von Interesse sind.

Kultur schaffen +
Eigenverantwort.
wieder fördern

Diese Erfahrungen und Beobachtungen habe ich vor einigen Jahren zum Anlass genommen, mich mit dem Thema intensiver zu beschäftigen. Zu diesem Zeitpunkt gab es kaum brauchbare Literatur, geschweige denn ein Konzept zu diesem Bereich. Ich war verblüfft, wie wissenschaftliche Studien meine Beobachtungen und Überlegungen belegen, und fand nützliche

Hinweise zu dem Themenkomplex aus verschiedensten Fachrichtungen wie etwa der Hirnforschung, der Psychologie oder dem Journalismus. Die Idee zu einem Beratungsangebot war geboren. Ich entwickelte ein branchenübergreifendes Konzept und ein Training für Menschen, die Konzepte erstellen. Der Nutzen war schnell dargestellt: effektiverer Einsatz der Ressourcen, höhere Motivation und Leistungsfähigkeit der Mitarbeiter, Nutzung des Innovationspotenzials des Unternehmens und so weiter.

Innerhalb kürzester Zeit wurde mein Angebot zu einem vollen Erfolg. Komplette Führungsmannschaften von Unternehmen haben sich bereits mit diesem Konzept von mir schulen lassen. Entwicklungsarbeit kann sich also lohnen!

MEINE IDEE ENTWICKELN

Die im Folgenden dargestellte Checkliste kann Ihnen bei der Produkt- bzw. Ideenentwicklung helfen.

Im Folgenden werde ich die in der „Checkliste für die Entwicklung Ihrer Ideen" dargestellten sechs Stufen zur Zielklärung näher erläutern und mit Fragestellungen die Erarbeitung erleichtern.

Vertiefende Fragestellungen

1. Für wen wollen Sie Ihr Produkt anbieten? Wer ist Ihre Zielgruppe?

Arbeiten Sie heraus, wen Sie ansprechen wollen. Wer soll Ihre Zielgruppe sein? Wem wollen Sie Ihr Produkt oder Ihre Leistung anbieten? In welcher Branche, für welche Berufsgruppen bzw. Abteilungen und für welche Ebenen (Mitarbeiter, mittleres oder Topmanagement) wollen Sie arbeiten?

Für potenzielle Auftraggeber ist der sogenannte „Stallgeruch" häufig ein Kaufargument. Wenn Sie sich in einer Branche oder Gruppe besonders gut auskennen und dort vielleicht selbst als Vertriebsmitarbeiter oder Führungskraft gearbeitet haben, verstehen Sie wahrscheinlich besonders gut, was diese Menschen bewegt und wie deren spezielle Themen und Herausforderungen des Arbeitsalltages aussehen.

HR Bereich
FKs
· Bank
· Medien
· Hochschule

Checkliste für die Entwicklung Ihrer Ideen

1. Für wen wollen Sie Ihr Produkt anbieten? Wer ist Ihre Zielgruppe?
- Branche
- Berufsgruppen
- Hierarchieebenen

2. Welche Ziele, Bedarfe, Leidensdruckthemen und so weiter liegen bei ihrer Zielgruppe vor?
- Welche Ziele, Bedarfe, Leidensdruckthemen und so weiter liegen konkret vor?
- Welches sind Ihre besonderen Interessen, Stärken und Erfahrungen, die Sie gezielt einsetzen können?

3. Was wollen Sie anbieten?
- Was konkret wollen Sie anbieten?
- Welche Produkte oder Leistungen sind geeignet, um den Bedarf zu bedienen?
- Wie können Sie dem Kunden helfen, seine Ziele zu erreichen?

4. Was hat der Kunde davon? Welchen Nutzen wollen Sie bieten?
- Wirtschaftlichkeit (Umsatzsteigerung, Gewinnsteigerung, Kostenersparnis)
- Leistungsfähigkeit
- Sicherheit
- Image
- Macht/Einfluss
- Bequemlichkeit

5. Wie belegen Sie, dass Sie diesen Nutzen bieten?
- Argumentation
- Studien über Wirksamkeit
- Referenzen

6. Wie wollen Sie sich mit Ihrer Idee positionieren?
- Positionierung über das Thema
- Positionierung über die Zielgruppe
- Positionierung über die Methode
- Positionierung über Ihre Persönlichkeit

4. Was hat der Kunde davon?
Welchen Nutzen wollen Sie bieten?

Meistens reichen ein tolles Angebot und die eigene Begeisterungsfähigkeit nicht alleine aus, um Kunden von Ihrem Produkt zu überzeugen. Letzen Endes möchte der Kunde wissen, was er von Ihrem Produkt hat.

Liefern Sie also Antworten zu der Frage, welchen Nutzen Sie für Ihre Kunden bieten. Nutzen beschreibt nicht nur, welche Vorteile Ihre Leistung hat, sondern übersetzt diese Vorteile auch in einen direkten Gewinn für den Kunden. Mit der Fragestellung „Was hat der Kunde konkret davon, wenn er mein Angebot wahrnimmt?" kommen Sie zum Nutzen. Dieser Nutzen ist letzten Endes ausschlaggebend für die Entscheidung, ob der Kunde kauft oder nicht. Es läuft darauf hinaus, inwieweit für den Kunden Steigerungen in den folgenden Bereichen resultieren:

- Wirtschaftlichkeit (Umsatzsteigerung, Gewinnsteigerung, Kostenersparnis)
- Leistungsfähigkeit (Schnelligkeit, Innovationsfähigkeit ...)
- Sicherheit
- Image
- Macht/Einfluss
- Komfort/Bequemlichkeit

Nutzen ist ausschlaggebend

Im Beispiel des Konzepttrainings verbunden mit dem Einsatz der Tools und Strategien bestehen die Vorteile in einer effektiveren und verbindlicheren Auftragsklärung und somit einer ressourcenschonenden, sicheren Zielerreichung. Als Nutzen resultiert daraus für die Mitarbeiter und Führungskräfte eine erhöhte Leistungsfähigkeit und für das Unternehmen – durch den effektiveren Einsatz seiner Ressourcen – eine erhöhte Wirtschaftlichkeit.

Zielerreichung gesichert

Tipp: Entwickeln Sie die Nutzenargumente, die für Ihren Kunden interessant sind! Denken Sie dabei an den wohlbekannten Anglerspruch: „Der Köder muss dem Fisch schmecken, nicht dem Angler."

5. Wie belegen Sie, dass Sie diesen Nutzen bieten?

Nutzen belegen Die Nutzendarstellung aus der vorherigen Stufe ist ein starkes Argument. Noch stärker wird es, wenn Sie diesen Nutzen in irgendeiner Form belegen können. Vielleicht gibt es Studien zur Wirksamkeit der Einflussfaktoren? Vielleicht haben Sie oder andere bereits ein vergleichbares Vorgehen erfolgreich durchgeführt und können Ergebnisse oder Referenzen vorweisen? Mit etwas Recherchearbeit und Überlegungen finden Sie sicherlich Antworten zu den folgenden Fragen und somit eine unterstützende Argumentation:

- Wie belegen Sie, dass Sie diesen Nutzen bieten?
- Welche Studien gibt es zu dem Themengebiet, die Ihre Vorgehensweise stützen?
- Welche Referenzen können Sie nutzen?

6. Wie wollen Sie sich mit Ihrer Idee positionieren?

Der letzte Schritt besteht darin, eine Positionierungsstrategie für Ihre Konzeptidee zu entwickeln. Wie soll sich Ihr Angebot von Wettbewerbern abheben? Diese Überlegungen liefern die Antwort auf die Frage: Warum soll der Kunde Ihr Angebot wählen? Entwickeln Sie also ein Angebot, welches sich im Markt auszeichnet und sich von möglichen Mitbewerbern unterscheidet. Positionieren können Sie sich grundsätzlich über die folgenden vier Bereiche: Positionierung über die Zielgruppe, über das Thema, über die Methode und über Ihre Persönlichkeit.

Sind Sie Experte für eine Zielgruppe? Haben Sie umfassende Erfahrungen mit bestimmten Branchen, Abteilungen, Hierarchieebenen oder Unternehmens- oder Menschentypen? Wenn Sie für diese Zielgruppe tätig sein wollen und aus den Augen dieser Personen glaubwürdig sind, haben Sie gute Chancen, sich als Experte für die Zielgruppe zu positionieren.

Positionierung über die Zielgruppe

Können Sie sich als Experte für ein bestimmtes Thema darstellen? Wenn ein großer Teil Ihrer Tätigkeit in diesem Bereich liegt, Sie auf dem aktuellen Stand der Erkenntnisse sind und eventuell sogar Veröffentlichungen gemacht haben oder Begriffe geprägt haben, haben Sie gute Chancen, als Experte für Ihr Thema wahrgenommen zu werden.

Positionierung über das Thema

Nutzen Sie bestimmte Methoden oder unterscheidet sich Ihre Anwendung einer Methode maßgeblich von anderen? Wenn die Einzigartigkeit und der Nutzen der Methode überzeugend darstellbar sind, können Sie sich über diesen Weg eine Marktnische erobern.

Positionierung über die Methode

Unterscheiden Sie sich in der Art der Leistungserbringung (durch Ihre Persönlichkeit, besonderen Service oder besondere Verfügbarkeit) von anderen Anbietern? Wenn für den Kunden ein Nutzen aufgrund dieser Merkmale deutlich wird, haben Sie gute Chancen, sich darüber zu positionieren.

Positionierung über Ihre Persönlichkeit

Um diese strategischen Erfolgspositionen (Unique Selling Proposition – kurz USP – oder auch Alleinstellungsmerkmal genannt) zu entwickeln, bedarf es neben der Nabelschau auch einer Marktanalyse. Arbeiten Sie heraus, was Sie im Marktvergleich auszeichnen soll. Als Trainer für „Schnittkompetenz für Bonsaizüchter" haben Sie es diesbezüglich natürlich etwas einfacher, allerdings wird Ihre Zielgruppe vermutlich nicht besonders groß sein.

Sie werden nicht immer ein wirklich einzigartiges Merkmal herausarbeiten können. Das ist meist nur bei Innovationen wie komplett neuen Dienstleistungen und Produkten möglich. Sie sollten jedoch keinen bunten Waldwiesenstrauß anbieten. Wichtiger ist es, eine prägnante Besonderheit Ihres Vorgehens herauszuarbeiten und zu verdeutlichen, welchen speziellen Nutzen der Kunde dadurch hat.

Von anderen Branchen inspirieren lassen Haben Sie dann den Mut, diesen Nutzen in aller Radikalität umzusetzen. Dabei kann man sich hervorragend von anderen Branchen inspirieren lassen (Lean Management der Automobilindustrie, Baukastenidee der Möbelindustrie usw.). Anregungen zu dieser Art des Querdenkens gibt es in Heike Kirchhoffs amüsantem Buch „Alles andere als artig". Weitere Tipps zur Positionierung und zur Inszenierung des eigenen Auftrittes gibt Giso Weyand in seinem Buch „Die 250 besten Checklisten für Berater, Trainer und Coachs".

Wenn Sie sich selbstständig machen möchten, benötigen Sie über gute Produktideen und Positionierungsideen hinaus ein komplettes Unternehmenskonzept inklusive eines Business-Cases. Für Unternehmensgründer finden Sie viele Tipps und Portale im Internet. Beginnen Sie Ihre Recherche bei dem Existenzgründerportal des Bundesministeriums für Wirtschaft und Technik (www.existenzgruender.de) und der Bundesagentur für Arbeit (www.arbeitsagentur.de).

Fazit:

Sorgen Sie für eine saubere Auftrags- bzw. Zielklärung, bevor Sie mit der Ausarbeitung Ihres Konzeptes beginnen. Wenn Sie eine Idee ohne Auftraggeber entwickeln und positionieren möchten, machen Sie sich bewusst, dass möglicherweise nur Sie einen Handlungsbedarf erkannt haben. Hier sind also die folgenden Punkte besonders wichtig:
1. Bedarf oder Chance herausarbeiten
2. Nutzenargumentation entwickeln
3. Positionierungsstrategie wählen

Tipps für den Auftraggeber

In diesem Buch wird die Konzeptentwicklung vorwiegend aus der Rolle des Auftragnehmers betrachtet, denn man braucht vermeintlich eher Unterstützung, wenn man ein Konzept erstellen will, als wenn man eines in Auftrag gibt. Denn als Auftraggeber hat man ja die Verantwortung aus der Hand gegeben und damit nun nichts mehr zu tun. Ganz so einfach ist es natürlich nicht. Selbstverständlich liegt es ebenso in der Verantwortung des Auftraggebers, für eine gute Kommunikation zu sorgen. Die Erörterungen und Tipps gelten also für beide Seiten (zumal der Auftraggeber ja meist zunächst selber in der Rolle des Auftragnehmers ist, bevor er die Aufgaben weiterdelegiert).

Klare Delegation ist wichtig

Was ist nun die besondere Rolle des Auftraggebers? Da Sie ja am Ende einen Erfolg sehen wollen und auch für das Gelingen mitverantwortlich sind, lautet die Antwort: Sorgen Sie dafür, dass Ihr Auftragnehmer erfolgreich sein kann! Das bedeutet, dass Sie den Auftragnehmer mit dem ausstatten, was er zur erfolgreichen Bewältigung seiner Aufgabe braucht.

1. Informationen geben

Wie bereits in den vorangegangenen Kapiteln erläutert, benötigt der Auftragnehmer umfassende Informationen über Ziele, Hintergründe und den Kontext des Themas. Darüber hinaus ist es wichtig (und wird häufig vergessen), darüber zu informieren, wenn es bedeutsame Änderungen bezüglich dieser Informationen gibt.

Umfassend und umgehend kommunizieren

In vielen Situationen wird der Auftraggeber nicht alleiniger Informationsgeber sein. Der Auftragnehmer muss sich meist noch weitere Informationen oder sogar Zuarbeiten von anderen Abteilungen, Ansprechpartnern, Unternehmen und so weiter einholen. Hier ist es sehr hilfreich, wenn der zumeist hierarchisch höher stehende Auftraggeber die Kommunikationswege anbahnt, das heißt, Ansprechpartner benennt, diese vorab informiert und somit Zugang zu Ihnen verschafft. In traditionell geprägtem Umfeld wie in großen Konzernen oder in anderen hierarchisch geprägten Strukturen ist dies oft sogar Voraussetzung, dass an die entsprechenden Personen herangetreten werden darf.

2. Befugnisse klären

Prioritäten festlegen

Geben Sie dem Auftragnehmer Orientierung darüber, was an Ressourcen (Zeit, Geld, Beratungs- und Dienstleistungen usw.) aufgewendet werden darf. Welche Handlungsspielräume geben Sie? Wo fängt die Verantwortung des Auftragnehmers an, wo hört sie auf? Die meisten Menschen haben mehr auf dem Schreibtisch, als sie zeitgleich erledigen können. Da Konzeptarbeit Zeit erfordert, müssen auch Prioritäten geklärt werden. Nehmen Sie mögliche Bedenken, Terminengpässe und andere Schwierigkeiten ernst und helfen Sie gemeinsam zu einer verbindlichen Lösungen zu kommen.

3. Vertrauen schenken

Übergeben Sie mit dem Auftrag auch die Verantwortung. Nachdem die Startbedingungen geklärt sind, mischen Sie sich inhaltlich nicht mehr ein, sofern es nicht unbedingt notwendig wird. Zeigen Sie stattdessen Vertrauen.

Vertrauen stärkt Selbstvertrauen

Vermutlich wird der Auftragnehmer einen anderen Weg wählen, als Sie es tun würden. Das ist manchmal schwer zu ertragen. Solange der gewählte Weg unter den vereinbarten Bedingungen zum vereinbarten Ziel führt, lassen Sie den Auftragnehmer mit größtmöglicher Autonomie gewähren. Sonst verunsichern und demotivieren Sie: Sie bekommen dann das Thema mit hoher Wahrscheinlichkeit komplett oder in Teilen zurückdelegiert. Auf der anderen Seite spornt Vertrauen zu Höchstleistungen an und stärkt Selbstverantwortung und Engagement.

Bleiben Sie während der gesamten Konzeptentwicklung bis zur Fertigstellung weiterhin ansprechbar und lassen Sie sich zu den vereinbarten Abstimmungsrhythmen oder Meilensteinen über das Voranschreiten berichten. Sie wollen ja nicht blind vertrauen und gegebenenfalls dem Auftragnehmer helfen, zurück auf Kurs zu kommen.

4. Feedback geben

Geben Sie unbedingt Feedback zu den erbrachten Leistungen: negative Kritikpunkte immer nach dem Vier-Augen-Prinzip; positive Anerkennung darf gerne öffentlich sein. Das gibt dem Lob einen höheren Wert und sporntandere an. Eine weitere Form der Anerkennung und Übertragung von Verantwortung ist es, den Auftragnehmer sein Konzept selbst vor Entscheidern präsentieren zu lassen. Das mutet vielleicht als Selbstverständlichkeit an, ist es jedoch in vielen Unternehmen nicht. Sie können dann sicher sein, dass die Ausarbeitung ganz besonders gewissenhaft sein wird.

Lob öffentlich aussprechen

Geben Sie darüber hinaus Feedback über den weiteren Verlauf. Informieren Sie darüber, wie die Konzeptergebnisse weiter genutzt werden und wie sich das Thema weiterentwickelt. Selbst wenn es zurzeit nicht weiterverfolgt wird, ist diese Information besser als keine Information. Das hat die Person verdient, die Zeit, Gedanken, Kreativität und vielleicht sogar Herzblut in das Thema investiert hat. Sie wird sich das nächste Mal, wenn Sie mit einem Anliegen kommen, wesentlich engagierter zeigen.

Tipp: Sicherlich haben Sie bereits festgestellt, dass die hier beschriebenen Prinzipien und Tipps nicht nur für die Erstellung von Konzepten, sondern generell für zielorientiertes und strukturiertes Denken und Arbeiten anwendbar sind. Nutzen Sie diese Anregungen! Sie werden erstaunt sein, wie viel leichter, effektiver und konfliktärmer sich dann Ihre Projekte gestalten.

- Fordern Sie, ohne zu überfordern.
- Delegieren Sie nicht zwischen „Tür und Angel", sondern nehmen Sie sich Zeit.
- Sprechen Sie Erwartungen klar aus. Und erklären Sie Aufgabe, Ziel und Zeitrahmen.
- Betonen Sie die Bedeutung der Aufgabe für das Unternehmen oder Ihre Abteilung.
- Stellen Sie alle notwendigen Informationen und Hilfsmittel zur Verfügung.
- Fragen Sie, ob aus Sicht Ihres Gesprächspartners noch Klärungsbedarf besteht.
- Bitten Sie den Gesprächspartner den Auftrag mit eigenen Worten zu wiederholen. So können Sie feststellen, ob er Sie richtig verstanden hat.
- Vereinbaren Sie Zwischenziele und Abstimmungsrhythmen.
- Bringen Sie zum Ausdruck, dass Sie Vertrauen in seine Fähigkeiten haben.
- Seien Sie offen. Es gibt immer mehrere Möglichkeiten, Ziele zu erreichen.

3.2 Informationen recherchieren und organisieren

Nicht im Informationsdickicht verirren

Nachdem das Ziel geklärt ist, steigen wir nun ein in die zweite Phase der Konzeption: die Sammlung, Suche und Organisation der Inhalte. Wenn man sich auf die Suche nach Informationen begibt, kann man sich in dieser Phase leicht im Informationsdickicht verirren oder von einer unüberschaubaren Informationsflut und der plötzlich drängenden Zeit überrollt werden. Behalten Sie also besser Ziel und Zeit im Auge. Mit einer klaren Recherchestrategie und ein paar Techniken und Tipps surfen Sie dann elegant durch die Informationsfluten.

Recherchestrategie

1. Sorgen Sie vorab für Orientierung

Verschaffen Sie sich – ausgehend vom Ziel des Konzeptes – einen Überblick:
- Was gehört alles zum Thema?

Installieren Sie dann Ihren Suchscheinwerfer – was ist Ihr Rechercheziel:
- Was weiß ich bereits?
- Was will ich noch herausfinden?
- Welche aktuellen Entwicklungen gibt es?

Nutzen Sie mehrere und vielfältige Quellen.

2. Recherchieren Sie gezielt und professionell

- Ziel und Zeitrahmen für Ihre Recherche setzen
- Suche gezielt durchführen
- Techniken und Tipps beachten

3. Dokumentieren und organisieren Sie Ihre Rechercheergebnisse und Informationen

- Quellen sofort vermerken
- Ergebnisse an einem Ort zusammenfassen
- Ordnungssystem schaffen

Vorab für Orientierung sorgen

Sie haben – ausgehend vom Ziel des Konzeptes – Ihr Vorgehen bei der Recherche festgelegt und fragen sich nun: Woher bekomme ich die gewünschten Informationen? Sicherlich fällt Ihnen als Erstes das Internet ein. Auch Fachzeitschriften, Fachliteratur, Verbände, Organisationen bieten Informationsgewinn. Bevor

Interne Informationen einbeziehen

Sie ausschließlich öffentliche Quellen verwenden, prüfen Sie, welche Informationen zu Ihrem Thema vor Ort vorliegen. Oft gibt es bereits nützliche Informationen aus dem direkten Umfeld im Unternehmen. Manchmal ist zu Ihrem Thema bereits recherchiert oder sind sogar Ergebnisse erarbeitet worden. Das Phänomen der wiederholten oder parallelen Erarbeitung von Konzepten, Modellen, Vorgehensweisen, Präsentationen ist ausgesprochen häufig und eine enorme Zeitverschwendung. Eine bekannte Redewendung bringt dieses Versäumnis auf den Punkt: „Wenn das Unternehmen wüsste, was das Unternehmen weiß!" Beziehen Sie also interne Informationen und Lösungsansätze in Ihre Recherche mit ein, machen Sie jedoch zusätzlich den Benchmark und finden Sie heraus, wie andere Unternehmen oder Experten die Thematik angehen.

Tipp: Nutzen Sie immer mehrere Informationsquellen! Vielfältige Informationsquellen beugen einer einseitigen Perspektive vor.

Folgende Informationsquellen kommen infrage:
- der eigene Tätigkeitsbereich
- das eigene Unternehmen (Intranet, Know-how-Träger)
- die Betroffenen/die Zielgruppe
- das eigene Netzwerk
- Experten
- öffentliche Quellen wie Fachliteratur, Verbands-, Vereins- oder IHK-Informationen, das Internet
- informelle Quellen wie Internetblogs, -foren oder -communities

Für die Recherche im Internet bieten sich folgende Quellen an:
- Suchmaschinen für die allgemeine Suche im Internet: www.google.com, www.yahoo.com, www.altavista.com, www.paperball.de

- Metasuchmaschinen für sehr spezielle Suchen mit wenig Suchergebnissen: www.metager.de, www.metacrawler.com, www.search.com
- Online-Kataloge der Universitäten wie www.ubka.uni-karlsruhe.de
- Datenbanken: Sie beinhalten strukturierte, oft themenspezifische Datensammlungen, die häufig auch über das Internet zugänglich sind. Die Inhalte von Datenbanken können nicht über normale Suchmaschinen oder Suchsysteme gefunden werden. Daher wird dieser Bereich des World Wide Webs auch als „The Invisible Web" (das unsichtbare Web) oder „Deep Web" bezeichnet. Wenn Sie diesen Bereich nutzen möchten, geben Sie in einer Suchmaschine Ihr gewünschtes Thema (allgemeines Stichwort) und als zweites Stichwort (UND) Datenbank (bzw. engl. Database) ein. Oder nutzen Sie Datenbankensammlungen wie zum Beispiel www.completeplanet.com, www.freeality.com, www.infobote.com, www.nexis.com, www.genios.de, www.dialog.com, www.inforunner.de.

Gezielt und professionell recherchieren

Die Phase der Recherche ist spannend und voller Abenteuer. Die Suche nach Informationen ist wie eine Jagd, auf der Sie Interessantes zu Ihrem Thema entdecken und hoffentlich Nützliches erbeuten. Sie birgt jedoch eine große Gefahr: Recherchen haben die nahezu unbezähmbare Eigenart, sich in die Länge zu ziehen, ein Eigenleben zu entfalten und sich zum Selbstzweck zu entwickeln. Im Schneeballsystem verweisen Suchergebnisse auf weitere Informationsquellen, diese wiederum nehmen auf weitere Aspekte Bezug ... und so erhalten Sie eine unglaubliche Vielfalt und vor allem Vielzahl an Ergebnissen. Diese türmen sich dann als Berge von Ausdrucken, Aktenordnern, Büchern, CDs, Broschüren bzw. füllen als Downloads, Dateien und Internetlinks Ihre Verzeichnisse und Ihren Speicherplatz. Sie können so erschreckend wirken, dass manch einer gar nicht mehr weiß, wie er die Informationen sortieren und bewerten soll.

Spannend und voller Abenteuer

Tipp: Machen Sie sich gleich zu Beginn der Recherchen bewusst: Es gibt immer mehr Informationen zu nahezu fast jedem Thema, als Sie jemals verarbeiten können.

Die Informationsflut kanalisieren

Seien Sie also beherzt und kanalisieren Sie die Informationsflut mit einer klaren Zielfokussierung und klaren Zeitvorgaben. Hilfreich ist auch hier eine Regel aus dem Zeitmanagement: Das Pareto-Prinzip sagt im Fall der Recherche, dass Sie bereits aus 20 Prozent der Quellen 80 Prozent der notwendigen Informationen erhalten. Bei den weiteren Quellen flacht der Wissenszuwachs ab. Statt auch die restlichen 80 Prozent der Quellen zu sondieren, haben Sie den Mut zum Schlussstrich.

Die Konzentration auf wenige, aber entscheidende Aktivitäten kann oftmals weiter führen als das Erledigen vieler nebensächlicher Aufgaben.

In den meisten Fällen werden bei der Erstellung einer Gesamtleistung mit 20 % der eingesetzten Zeit bereits 80 % der Ergebnisse erzielt.

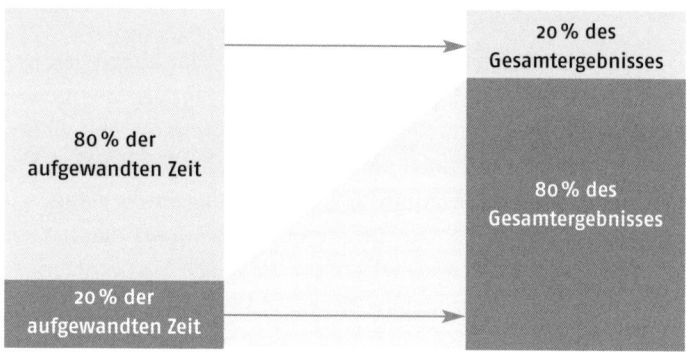

Das Pareto-Prinzip

Neben der direkten Recherche vor Ort wird das Internet vermut- **Hohe Aktualität**
lich Ihre Hauptinformationsquelle sein. Durch seine schnelle **des Internets**
und jederzeitige Verfügbarkeit, seine hohe Aktualität und Vernetzung bietet es sich besonders als Informationsquelle an. Mit
folgenden Tipps recherchieren Sie gezielt und professionell.

Allgemeine Recherchetipps für die Suche im Internet:

▪ Machen Sie sich eine Liste mit Suchbegriffen. Spielen Sie mit
  verschiedenen Stich- oder Schlüsselwörtern, indem Sie weitere Synonyme suchen.

▪ Begriffe variieren, verbinden und ausschließen – durch die logischen Verknüpfungen (Boolesche Operatoren UND, ODER,
  NICHT) erhalten Sie unterschiedliche Suchergebnisse:

  UND/AND: Stichwörter werden dann als gefunden gemeldet, wenn alle genannten Stichwörter auf der betreffenden
  Webseite vorkommen. Dies ist die Standardeinstellung bei
  fast allen Suchmaschinen, wenn Sie einfach zwei, drei oder
  mehr Stichwörter eintippen!

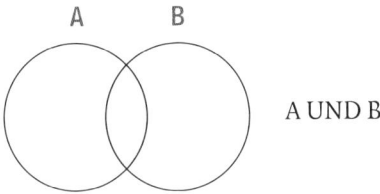

A UND B

  ODER/OR: Stichwörter werden dann als gefunden gemeldet, wenn auch nur eines davon auf der betreffenden Webseite vorkommt.

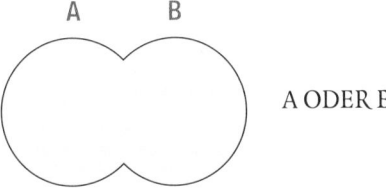

A ODER B

■ UND NICHT/AND NOT: Stichwörter werden dann als gefunden gemeldet, wenn das eine Stichwort auf der betreffenden Seite vorkommt, das andere aber nicht.

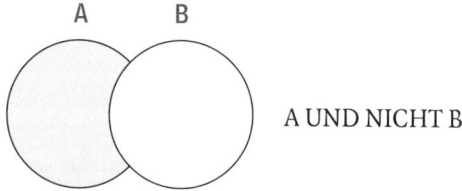

A   B

A UND NICHT B

Die Suchmaschinen und Datenbanken besitzen recht unterschiedliche Möglichkeiten und Vorgehensweisen im Hinblick auf diese Verknüpfungsmöglichkeiten. In der Voreinstellung ist zumeist die UND-Verknüpfung für die ersten Suchergebnisse vorgesehen. Über Optionsfelder oder andere Hilfestellungen kann die Suchstrategie (Verknüpfungsmöglichkeiten, Sprache, Bilder etc.) verändert werden.

■ Fügen Sie den Suchbegriffen den Zusatz „PDF" hinzu. Sie werden damit andere und zum Teil detailliertere Informationen erhalten, da umfangreichere Informationen oft im PDF-Format veröffentlicht werden.

■ Ein Problem bei der Internetrecherche per Suchmaschine ist, dass die Ergebnisse nicht qualitätsgeprüft sind. Jeder kann nahezu alles im Internet veröffentlichen. Das Ranking der Suchergebnisse sagt nichts über die Qualität der Ergebnisse aus, sondern spiegelt vielmehr die Häufigkeit der Seitenaufrufe bzw. die Verlinkung wider. Manche Suchmaschinen werten die Surfgewohnheiten des Nutzers aus und liefern von kommerziellen Interessen beeinflusste Suchergebnisse. Überprüfen Sie also die Seriosität der Informationsquellen. Prüfen Sie Aktualität, Objektivität (z. B. Wer ist Betreiber der Homepage? Ist es eine kommerzielle Seite?), Professionalität und gegebenenfalls Wissenschaftlichkeit der Informationen.

■ Weitere Tipps zur Internetrecherche finden Sie natürlich im Internet, zum Beispiel hier: www.suchfibel.de, www.werle.com.

Dokumentieren und Organisieren
der Rechercheergebnisse

Damit die Informationen handhabbar und übersichtlich bleiben, haben sich folgende Vorgehensweisen bewährt:

Informationen übersichtlich machen

- Die recherchierten Informationen sofort mit dem Hinweis auf die jeweilige Quelle versehen: Es nützt Ihnen wenig, wenn Sie mehrere kopierte Auszüge vorliegen haben und Sie nicht mehr nachvollziehen können, aus welcher Quelle diese Informationen stammen. Das nachträgliche Suchen ist nervenaufreibend, zeitaufwendig und manchmal nicht mehr möglich, insbesondere wenn Sie auf viele Quellen zurückgreifen. Und auch hier gilt das Pareto-Prinzip: Sie werden wahrscheinlich nur 20 Prozent der Unterlagen benötigen.
- Stellen Sie all Ihre Unterlagen (bevorzugt ausgedruckt) an einem klar abgegrenzten Ort zusammen. Dadurch fassen Sie alle Informationen zusammen und es kann nichts verloren gehen.
- Schaffen Sie optisch übersichtliche Ordnungssysteme:
  - auf Papier vorliegende Informationen in klar strukturierten Aktenordnern oder Hängeregistern
  - elektronische Daten in übersichtlichen Dateien mit Sicherungskopie
  - zur Sammlung und ersten Strukturierung Ihrer Ideen Visualisierungstechniken; folgende eignen sich besonders gut für diese Konzeptphase: Mindmapping, Concept-Mapping, Ursache-Wirkungsdiagramm

Weitere Hinweise zu Strukturierungsmöglichkeiten finden Sie in Kapitel 3.4.

Mindmapping

Immer wenn es heißt „Machen Sie doch mal eine Präsentation, ein Konzept oder ein Training", nutze ich mein wichtigstes Werkzeug: ein weißes Blatt Papier und einen Stift. Dann schreibe ich das Thema in die Mitte und wie im Fluge füllt sich das Blatt.

Als ich zum Beispiel mein Trainerhandbuch schrieb, begann ich ebenfalls mit einem Din-A4-Papier. Ich platzierte das Thema mittig und fragte mich, was Menschen wissen sollten, wenn Sie lehrende Aufgaben wahrnehmen möchten. Innerhalb von ein paar Minuten schuf ich von meinem Kernthema ausgehende Äste, kennzeichnete diese mit den Überschriften „Lernprozesse verstehen und steuern", „Methodik und Didaktik im Training", „Konzeption von Trainings", „Gruppendynamik und Steuerungsmöglichkeiten des Trainers", „Kommunikation im und rund ums Training", „Transfer und Evaluation" und „Checklisten und Vorlagen". Parallel dazu begann ich, die Äste mit den jeweils untergeordneten Themen aufzufächern. So hatte ich innerhalb von etwa 15 Minuten die komplette Struktur meines 150 Seiten starken Buches entwickelt. Die Hauptäste bildeten die Kapitel und die Unteräste die dazugehörigen Unterkapitel.

Während der Zeit des Schreibens hing meine Themenlandschaft immer gut sichtbar an der Wand, sodass ich mir jederzeit einen Überblick verschaffen konnte und neu hinzukommende Aspekte einfügen konnte. Für jedes Kapitel machte ich dann zunächst auch wieder eine solche Gedankenkarte, bevor ich zu schreiben begann. Schneller und einfacher kann man sich vermutlich nicht sortieren.

Diese von dem Psychologen Tony Buzan entwickelte Methode zur Ideenfindung und Sammlung heißt Mindmapping. Im Ergebnis entstehen dann die oben beschriebenen Gedankenkarten – oder Mindmaps. Diese Methode ist weit verbreitet und – so einfach, wie sie ist – von vielen konzeptionell arbeitenden Menschen und Unternehmen hoch geschätzt. Diese Methode ist eine der wenigen Visualisierungstechniken, die zur Ideenfindung und Sammlung bei gleichzeitiger Strukturierung eines Themengebietes genutzt werden kann – Tätigkeiten unseres Gehirns, die sich normalerweise gegenseitig blockieren. Näheres zum Hemisphärenkonzept des Gehirns und gehirngerechter Arbeitsweise siehe Kapitel 3.3.

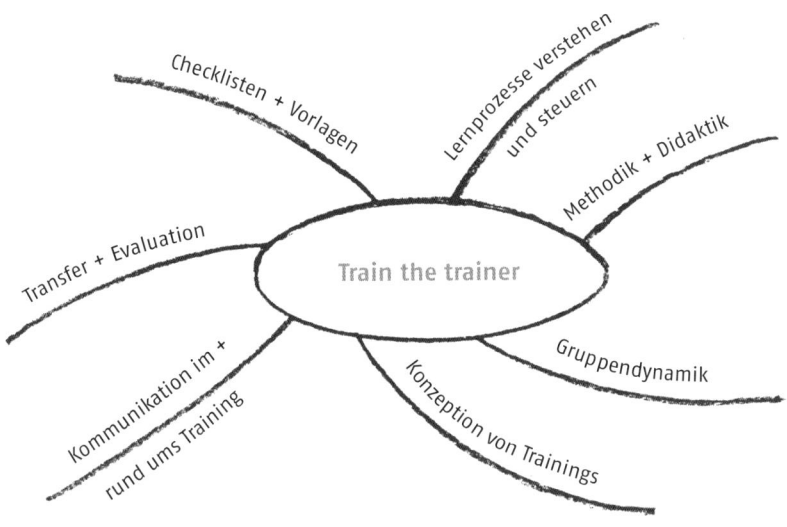

Mindmap am Beispiel „Training für den Trainer"

Die Regeln des Mindmapping sind schnell erklärt: Man nimmt ein Blatt Papier, bevorzugt im Querformat. In der Mitte wird das zentrale Thema möglichst genau formuliert und/oder als Bild dargestellt. Davon ausgehend werden die Hauptthemen abgeleitet. Pro Linie wird jeweils ein Schlüsselbegriff verwendet. Daran schließen sich in dünner werdenden Zweigen die zweite und dritte sowie weitere Gedankenebenen (Unterkapitel) an. Somit gehören Mindmaps zu den beschrifteten Baumdiagrammen. Die Methode eignet sich hervorragend für die individuelle Sammlung und ersten Organisation von Themen wie zum Beispiel zur

Eine Mindmap erstellen

Konzepterstellung, für Präsentationen, aber auch für die persönliche Urlaubsplanung und andere Themen. Darüber hinaus lässt sie sich gut in Gruppen zur Sammlung und Dokumentation von Themen (z. B. Erwartungen, Problemen, Lösungsansätzen usw.) am Flipchart oder an der Pinnwand einsetzen.

Für diejenigen, die digitales Arbeiten bevorzugen, gibt es für den Einsatz von Mindmaps am Computer auch kommerzielle Software (Mindmanager) und freie Anwendungsprogramme (z. B. Freemind).

Weiterentwickelte Mindmap Ich verwende das Mindmapping nahezu immer in der einfachen Papierversion, wenn ich ein komplexes Thema strukturiere, sowohl alleine als auch in Gruppen. Einen Nachteil haben Mindmaps jedoch: Sie sind zum Teil nur für den Autor bzw. für die Gruppe, die sie erstellt hat, verständlich, da die Beziehungen der Schlüsselbegriffe nicht erläutert sind. Eine Weiterentwicklung sind die konzeptuellen Karten (Conzept-Map).

Conzept-Map

Eine Conzept-Map ist eine Weiterführung der Mindmap. Hier sind Verknüpfungen innerhalb des Diagramms präzisiert und transparent gemacht, sodass die Ergebnisse dann auch für Außenstehende leichter nachvollziehbar sind. Diese differenziertere Betrachtung der Bestandteile und Funktionen eines Konzeptes sind aber erst möglich, wenn Sie das Thema schon tiefer durchdrungen haben. (Auf http://cmap.ihmc.us kann kostenlos das Softwareprogramm Cmap zum Erstellen von Concept-Maps heruntergeladen werden.)

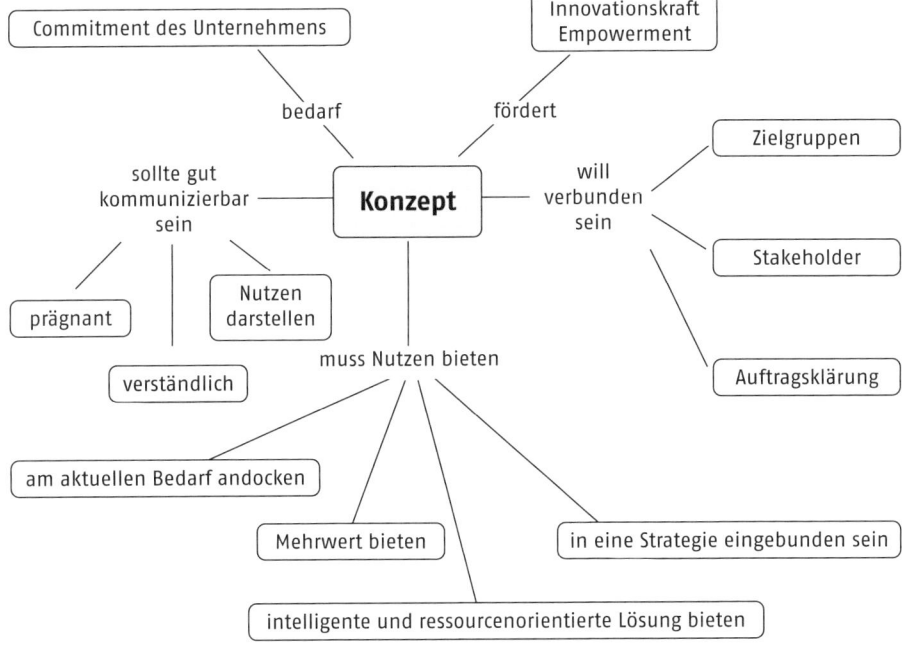

Conzept-Map am Beispiel „Konzept"

Ursache-Wirkungs-Diagramm

Eine weitere Möglichkeit, Konzeptelemente grafisch darzustellen, ist das Ursache-Wirkungs-Diagramm. Es ist eine von Karou Ishikawa entwickelte Diagrammform, die Kausalitätsbeziehungen visuell darstellt. Es analysiert also Einflussfaktoren für ein Problem bzw. ein Ziel und geht damit ebenfalls einen Schritt weiter als das Mindmapping. Diese Darstellungsform wird auch Fischgräten-Diagramm bzw. Fishbone Diagram genannt, da es die Einflussfaktoren wie Fischgräten anordnet. Für den Betrachter entsteht das Bild eines Fisches im Röntgenblick.

Fisch im Röntgenblick

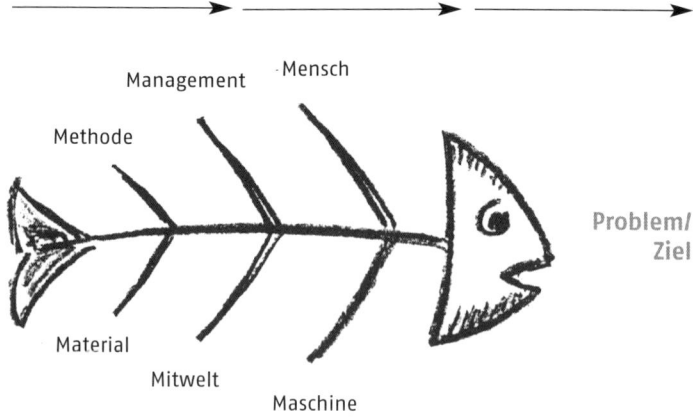

Ursache/Eigenschaften   Wirkung

Management   Mensch

Methode

Material

Mitwelt

Maschine

Problem/
Ziel

Das Ursache-Wirkungs-Diagramm

Ausgangspunkt des Diagramms ist eine horizontale Linie, an dessen Spitze das möglichst prägnant formulierte Ziel oder Problem steht, beispielsweise der Trainingserfolg. Darauf stoßen schräg die Pfeile der Haupteinflussgrößen, die zu einer bestimmten Wirkung führen. Ein Pfeil bedeutet „trägt dazu bei, dass …“. Diese Hauptpfeile werden dann weiter unterfächert in Nebeneinflussgrößen, bis die gewünschte Analysetiefe erreicht ist.

Die Haupteinflussgrößen waren dabei ursprünglich die „4M": Mensch, Material, Maschine und Methode. Sie können jedoch beliebig ergänzt oder verändert werden. Im Gegensatz zur Mindmap oder Concept-Map werden diese Hauptäste im Vorfeld als Einflussfaktoren festgelegt und dann zur umfassenden und systematischen Einflussfaktoren- oder auch Ursachensammlung genutzt.

Fazit:

Unabhängig davon, welche der drei hier beschriebenen Methoden Sie bevorzugen oder ob Sie eine persönliche Variante nutzen – bringen Sie Ihr Konzeptthema und die herausgearbeiteten Kernelemente grafisch auf ein Blatt Papier! Ein Schaubild hat gegenüber einer Liste oder Agenda in dieser Phase der Konzepterstellung erhebliche Vorteile: Sie bietet einen besseren Überblick über Ihr Thema und suggeriert keine Reihenfolge (die Sie vermutlich in dieser Phase noch nicht festlegen können). Die Themenlandschaft kann im weiteren Verlauf Ihrer Arbeit wunderbar ergänzt werden. Platzieren Sie daher Ihre Übersicht während der kompletten Zeit der Konzeptentwicklung gut sichtbar an Ihrem Arbeitsplatz. Es wird Ihnen Orientierung auf einen Blick und eine wunderbare Entwicklungsplattform bieten.

3.3 Ideen und Lösungen entwickeln

Wie kommt das Neue in die Welt?

Woher kommen die großen Ideen, neue Erfindungen und Lösungen kniffliger Probleme? Schauen Sie sich einmal in dem Raum um, in dem Sie sich gerade befinden: Lampen, Telefon, Computer, Bücher, Möbel, Fenster, das Gebäude – all diese Dinge sind zunächst „gedacht" worden, bevor sie gemacht werden konnten. Wie konnten diese Ideen in einem Kopf entstehen? Wie kommt das Neue in die Welt? Die Antwort lautet: durch Kreativität.

Mit Kreativität zu Ideen und Erfindungen

Der Begriff der Kreativität geht auf das lateinische Wort „creare" zurück, was so viel bedeutet wie „etwas neu schöpfen, etwas erfinden, etwas erzeugen, herstellen" oder in der Nebenbedeutung auch „auswählen" beinhaltet. Von der Antike bis zum Mittelalter wurde die individuelle schöpferische Kraft eines Menschen mit großer Ehrfurcht betrachtet und als Gottes Werk verstanden.

Unterschiedliche Arten des Denkens Etwas weniger mystisch betrachten seit einigen Jahrzehnten Psychologen und Hirnforscher dieses Thema und konzentrieren sich dabei auf die Prozesse, die im Menschen ablaufen. Dabei konnten unterschiedliche Arten des Denkens festgestellt werden. Im Alltag geläufig und durch Schule und Ausbildung trainiert ist das logisch-analytische Denken, mit dessen Hilfe wir bewusst und systematisch Informationen aufnehmen, nach logischen Kriterien sortieren, Zusammenhänge sezieren, Ursachen suchen und kategorisieren, Wissen anreichern und so weiter. Dieses Denken eignet sich für die Problemanalyse und für die Entwicklung von Lösungen bei sogenannten wohlstrukturierten Problemen, das heißt bei Problemen mit bekanntem Lösungsweg.

Aufgabenstellungen, die neue Herangehensweisen, Ideen, das Hinterfragen und so weiter erfordern, verlangen ganz andere Denkleistungen. Beim sogenannten kreativen Denken geht es um die Abkehr von eingeübten und konventionellen Denkmustern. Offenes und spielerisches Denken, Querdenken und das Zulassen von – gerne ungewöhnlichen – Assoziationen ist hier explizit erwünscht. Ohne die kritische Überwachung durch den Verstand arbeitet hier vor allem das Unbewusste, das so ungestörten Zugriff auf alle gespeicherten Informationen hat.

Kontrolle macht Pause Oft gehen diese Prozesse mit einem besonderen Bewusstseinszustand einher, der als Floating bezeichnet wird und manchmal sogar im Schlaf oder Halbschlaf abläuft. Gerade weil die bewusste Kontrollinstanz „schlafen gegangen ist", können hier neue Gedankenverbindungen entstehen. Kreative Gedanken, Problemlösungen und innovative Ideen entstehen dementsprechend oft beim Joggen, Aufwachen, unter der Dusche – eben dann, wenn man sie gerade nicht erwartet und kontrolliert.

Durch das vorherrschende und stärker eingeübte logisch-analytische Denken fällt vielen Menschen das kreative Denken schwer. Verständnis über diesen Prozess und verschiedene Techniken helfen bei der Reaktivierung des schöpferischen Geistes in uns und geben ihm wieder Kraft und Gehör.

Viele schlaue und kreative Köpfe haben sich mit diesem Thema Jeder Denkstil
beschäftigt. Der gemeinsame Nenner aller Kreativitätsmodelle zu seiner Zeit
und -techniken ist die Schlussfolgerung und Forderung, diese
verschiedenen Denkstile getrennt zu nutzen, da unser Gehirn
nicht beides zugleich leisten kann. Damit das „Neue" gedacht
und in die Welt gebracht werden kann, brauchen wir sowohl das
logisch-analytische als auch das kreative Denken. Aber jedes zu
seiner Zeit.

> *„Genius is one per cent inspiration and ninety-nine per cent*
> *perspiration."*
>
> THOMAS ALVA EDISON,
> ERFINDER DER GLÜHLAMPE

Inspiration und Schweiß scheinen also zusammenzugehören,
um Licht oder andere nützliche Errungenschaften in die Welt zu
bringen.

Ein Modell, welches die verschiedenen Phasen des kreativen Pro- Vier Phasen
zesses verdeutlicht, wurde von Timo Off entwickelt. Das Modell im BILD-Modell
„BILD" geht von vier Phasen aus:
- Beschreibung (des Problems)
- Informationsanordnung/Problemanalyse
- Lösung
- Darstellung bzw. Umsetzung

In der ersten Phase „Beschreibung des Problems (B)" wird das
Problem erkannt. In der Regel werden auch Ziele und Zielkrite-
rien definiert. Diese Phase erfordert logisch-analytisches Denken
(auch vertikales Denken genannt, weil es in die Tiefe der Problematik einzudringen versucht). Sie entspricht der Konzeptphase
„Auftrags- und Zielklärung".

In der folgenden Phase „Informationsanordnung (I)" werden Gedankliche
Informationen zu dem Thema gesammelt, Ursachenanalysen Schwerstarbeit
betrieben, Wirkzusammenhänge erforscht. Diese gedankliche
Schwerstarbeit erfordert ebenfalls logisch-analytisches Denken

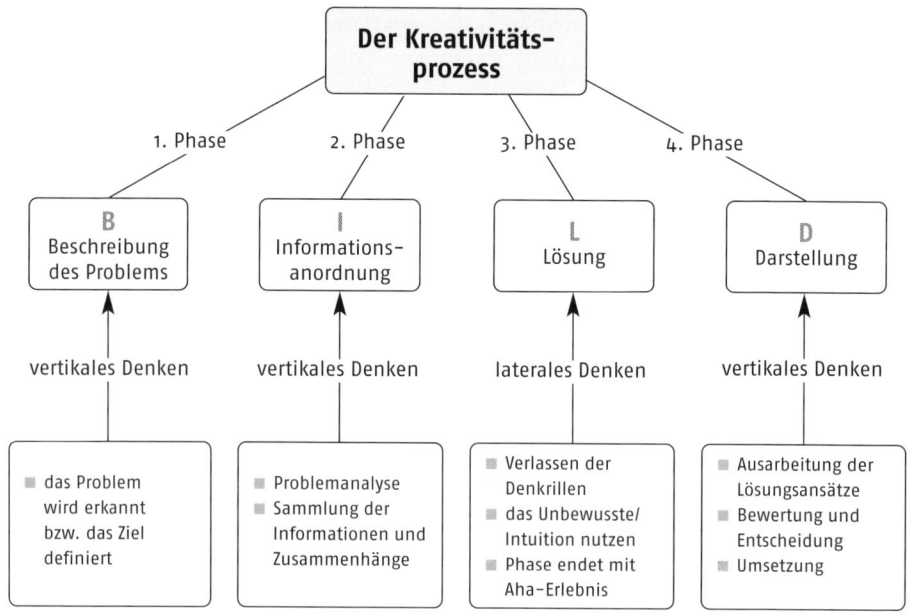

Das Modell „BILD" von Timo Off

und entspricht der zweiten Konzeptphase „Informationen recherchieren und organisieren".

Nachdem das Thema verstanden, analysiert und genügend Wissen aufgebaut wurde, kommt nun die Phase „Lösung (L)". Sie entspricht der dritten Konzeptphase „Ideen und Lösungen entwickeln". Um möglichst viele und originelle Ideen zu finden, ist es nun hilfreich, die eingefahrenen Denkrillen zu verlassen. Hier ist das kreative-intuitive Denken gefragt, welches auch laterales (lateinisch für seitliches, d. h. umherschweifendes) Denken genannt wird. Abstand vom Problem und Entspannung ist dabei die wichtige Voraussetzung, um dem Unterbewusstsein die Möglichkeit zu geben, neue Gedankenverbindungen aufbauen und Geistesblitze (Aha-Erlebnisse) entwickeln zu können.

Jegliche Art von Kritik verschreckt den kreativen Prozess. Daher sind in dieser Phase alle Formen von Bewertung konsequent zu unterbinden. Kreativitätstechniken (oder wie gesagt: Manchmal reicht es zu duschen) können diese Phase sinnvoll unterstützen, da sie allesamt auf dem Prinzip der Trennung der beiden Denkarten logisch vs. kreativ fußen. In der letzten Phase „Darstellung bzw. Umsetzung (D)" ist nun wieder das vertikale Denken gefragt, mit welchem die Lösungsansätze ausgearbeitet, bewertet und umgesetzt werden.

Keine Bewertung während der kreativen Phase

Das Prinzip der Kreativitätstechniken

Wenden wir uns nun dem Thema zu, wie das kreative Denken gezielt hervorgelockt und ihm Raum zur Entfaltung gegeben werden kann. Vorab habe ich ein kleines Rätsel für Sie: Verbinden Sie diese neun Punkte mit einem Stift mit vier geraden Strichen, ohne den Stift abzusetzen:

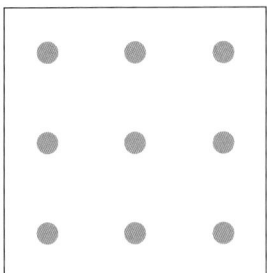

Nehmen Sie am besten ein Blatt Papier und versuchen Sie sich an diesem Problem. Haben Sie schon eine Lösung gefunden? Die meisten Menschen knabbern ordentlich an dieser Aufgabe.

Das Neun-Punkte-Problem

Tipp: Sie können die Lösung für das Neun-Punkte-Problem nur finden, wenn Sie den Problemraum erweitern – oder anders formuliert: Schauen Sie über den Tellerrand!

Meistens wird die Lösung des Problems nur innerhalb der neun Punkte gesucht. Die Punkte werden als Begrenzung angenommen und dann kreist das Denken innerhalb dieser Denkrillen. Und kreist. Und kreist. Und kreist. Warum? Weil das Gehirn nach dem Energiesparprinzip funktioniert und bevorzugt auf bewährte Verfahrensweisen, eingeübte Lösungsstrategien (durften wir in der Schule über den Rand hinaus schreiben?), gewohnte Perspektiven und überschaubare Ausschnitte des „großen Ganzen" zurückgreift. Die Lösung finden Sie auf Seite 91.

Die Lösung finden Sie auf Seite 91.

Rätsel fördern Kreativität Noch ein Beispiel gefällig? Zurzeit sind die sogenannten Black Stories sehr beliebt: In diesen Rategeschichten geht es darum, auf der Basis einer kurzen Situationsbeschreibung herauszufinden, was in der Geschichte passiert ist. Es dürfen dabei nur Fragen gestellt werden, die mit „Ja" oder „Nein" beantwortet werden können. Hier nun eine kleine Geschichte für Sie:

Die John-und-Mary-Geschichte
Es ist ein schöner Sonntag im August. Sie kommen ins Wohnzimmer und finden dort John und Mary tot auf dem Teppich vor. Es ist kein Blut zu sehen, jedoch ist der Teppich unter den Verblichenen nass. Außerdem finden Sie auf dem Teppich zerbrochenes Glas. Das Fenster zum Garten steht sperrangelweit offen.

Was ist passiert? Die Erklärung finden auf Seite 91.

Die Erklärung finden auf Seite 91.

Wie Romeo und Julia Wären Sie auf die Lösung gekommen? Wenn wir diese kurze Situationsbeschreibung lesen (oder hören), entsteht unweigerlich ein Bild vor unserem inneren Auge. Von 100 Menschen gehen garantiert 99 ohne jeden Zweifel davon aus, dass es sich um menschliche Wesen handelt. Je nachdem was wir zuvor erlebt haben, sehen wir zum Beispiel ein auf tragische Weise umgekommenes menschliches Liebespaar in inniger Umarmung ... Romeo und Julia lassen grüßen ... oder Spuren eines brutalen Raubmordes ... oder Hinweise auf ein mysteriöses Opferritual ... Interessant für unseren Zusammenhang ist die Tatsache, dass wir sofort Annahmen machen, diese in der Regel nicht mehr hinterfragen und dann in unserer Denkrille feststecken oder in unseren Film abtauchen.

Meistens fahren wir mit diesen Automatismen ganz gut. So machen wir uns zum Beispiel morgens auf den Weg zur Arbeit und denken dabei über die Wochenendgestaltung nach. Und ehe wir uns versehen – also ohne bewusst gesteuert oder gar registriert zu haben, was wir genau auf dem Weg gemacht haben – sind wir plötzlich am Ziel. Das funktioniert wunderbar bei Routinetätigkeiten.

In der Konzeptarbeit geht es jedoch häufig darum, dass etwas Neues entwickelt werden soll. Damit dies geschehen kann, müssen wir unsere Gedanken aus den gewohnten Denkrillen schubsen. Kreativitätstechniken versuchen dafür optimale Bedingungen zu schaffen und Denkblockaden abzubauen. Manchmal gehen sie dabei seltsame Wege und regen uns beispielsweise an, die Fragestellung auf den Kopf zu stellen. Unser Beispiel „Verbesserung der Außendarstellung" aus den vorangegangenen Kapiteln würde nun erst einmal umformuliert werden: „Was können wir tun, um die Außendarstellung unserer Firma zu verschlechtern?" oder „Was müssen wir tun, um Kunden davon abzuhalten, zu uns zu kommen?". Was zunächst seltsam anmutet, ist aber gezielt und gewollt.

Denkblockaden abbauen

Genau dies ist der Kern aller Kreativitätstechniken:
- Die Gedanken aus den Denkrillen schubsen.
- Annahmen hinterfragen oder auf den Kopf stellen.
- Perspektiven verändern.
- Vielen und vielfältigen Ideen Raum zur Entfaltung bieten.

Hierfür stehen eine Vielzahl an Methoden und Techniken zur Verfügung, die darauf abzielen, das Unterbewusstsein zu aktivieren bzw. das Thema aus einer anderen Perspektive zu betrachten. Dabei gilt zumeist das Gesetz der großen Zahl: Gute Ideen kommen fast automatisch zustande, wenn eine hohe Anzahl an Ideen generiert wird. Gruppenprozesse erhöhen naturgemäß

Das Unterbewusstsein aktivieren

die Anzahl und die Vielfältigkeit der Ergebnisse. Heterogene Gruppen produzieren einen besonders vielseitigen Output, sind jedoch schwerer zu steuern.

Welche Technik Sie auch anwenden mögen, eines ist jedoch unumstößlicher Grundsatz: Ideen wollen ernst genommen werden. Ideen sind in ihrem Entstehungsstadium zunächst zarte Pflänzchen, die sich ihren Weg an die Oberfläche erarbeiten und Raum und liebevolle Aufmerksamkeit für eine gesunde Entwicklung brauchen. Sorgen Sie also unbedingt für ein ideenfreundliches Klima.

Killerphrasen
Diese Bemerkungen beeinträchtigen Kreativität

Empowerment
Diese Aussagen bekräftigen Kreativität

Ja, aber ...!

Das haben wir schon immer so gemacht ...!

Was wäre, wenn ...!

Ja, und ...!

Das klappt nie!

Eine tolle Idee!

Das ist nicht mein Job.

Das haben wir schon ausprobiert!

Was wäre der erste Schritt?

Wie kann ich dich unterstützen?

Dafür haben wir keine Zeit, kein Geld, keine ...

Das wird niemals funktionieren!

Erzähl mehr ...!

Ja, weiter ...!

Wie könnte es gehen?

Ideenfreundliches Klima schaffen

Lassen Sie sich also auf den nächsten Seiten überraschen. Dort habe ich eine kleine Auswahl an Kreativitätstechniken für Sie zusammengestellt, die sowohl einfach in der Anwendung als auch effektiv in der Produktion von Ergebnissen sind. Manche können Sie für sich alleine ausprobieren, für andere hingegen benötigen Sie eine Gruppe und eventuell jemanden, der durch den Prozess steuert und für die Einhaltung der Regeln sorgt (z. B. die Trennung der verschiedenen Denkstile).

Zuvor jedoch die Auflösung der beiden Rätsel von Seite 87 bzw. 88:

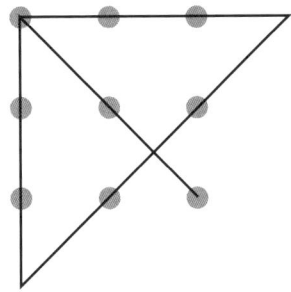

Lösung des Neun-Punkte-Problems

Die Erklärung zur John-und-Mary-Geschichte

John und Mary sind Goldfische. Sie schwammen in einem Goldfischglas auf dem Tisch in der Nähe des Fensters, das nur angelehnt war. Eine Windböe drückte das Fenster auf, das Glas wurde dabei vom Fenster heruntergestoßen und zerbrach.

Tipp: Rätsel dieser Art werden übrigens auch Laterale genannt, da sie zur Lösung laterales Denken erfordern. Zum Training Ihrer logischen und lateralen Denkfähigkeiten finden Sie zum Beispiel „John und Mary" und weitere amüsante Knobeleien in Vera F. Birkenbihls „Intelligente Rätsel-Spiele: So verbessern Sie Ihre Fähigkeit, logisch zu denken."

Eine Auswahl an Kreativitätstechniken

1. Intuitive Methoden

Bilder, Analogien und Verfremdung Intuitive Methoden haben zum Ziel, eingefahrene Gedankengleise zu verlassen. Sie regen das kreative Denken über Bilder, Analogien, Verfremdung und so weiter an und lassen das Unbewusste arbeiten. Damit wird Zugang zu Wissen geschaffen, das zunächst nicht „auf der Hand liegt" und „Querdenken" ermöglicht. Sie liefern in kurzer Zeit sehr viele Ideen (in 30 Minuten ca. 100 Einzelideen).

Brainstorming ist die am häufigsten angewandte und einfachste Methode. Man kann sie als Prototyp der Kreativitätstechniken bezeichnen, da alle weiteren Methoden dieselben Grundprinzipien aufweisen. Das Brainstorming wurde von Alex Osborn wie folgt beschrieben: „Using the brain to storm a problem." Sie fördert die Erzeugung von vielen neuen und ungewöhnlichen Ideen in einer Gruppe von Menschen.

Problemstellung spezifizieren Je nach Problemstellung kann die Gruppe aus Experten, Mitarbeitern, Laien oder Experten anderer Fachgebiete bestehen. Das Problem wird erläutert und die Frage- bzw. Aufgabenstellung geklärt. Eine anregende, auffordernde und zielgenaue Fragestellung ist dabei ganz entscheidend, denn: Die Lösungen können nur so gut sein, wie der konkrete Arbeitsauftrag der Gruppe brauchbar ist. Daher sollte die Aufgabe weder zu allgemein (Wie können wir unser Unternehmen verbessern?) noch zu spezifisch sein (Welche Hintergrundfarbe nehmen wir für die Homepage?).

Phase eins: Ideen finden Die Gruppenmitglieder nennen spontan ihre Ideen zur Lösungsfindung. Alle Ideen werden ernst genommen, zumal kreative Ansätze sich auch aus zunächst völlig unsinnigen Vorschlägen entwickeln können. Jeder darf ohne jegliche Einschränkung Ideen produzieren und mit anderen Ideen kombinieren. Ideen dürfen aufgegriffen und weiterentwickelt werden. Alle (!) Ansätze werden wertfrei und simultan für alle sichtbar zum Beispiel am Flipchart protokolliert. In dieser Phase gelten folgende Grundregeln:

- Jeder soll seine Gedanken frei äußern können.
- Keine Kritik an anderen Beiträgen, Ideen, Lösungsvorschlägen. Keine Killerphrasen und Totschlagargumente.
- Das Aufgreifen und Weiterentwickeln von Ideen ist explizit erwünscht. Je kühner und fantasievoller, desto besser. Dadurch wird das Lösungsfeld vergrößert.

Nachdem der Ideenfluss versiegt ist, werden alle Ideen vorgelesen und von den Teilnehmern bewertet und sortiert. Diese Sondierung kann in derselben Diskussion durch dieselben Teilnehmer erfolgen oder separat in einem anschließenden Prozess. Die Anzahl und Brauchbarkeit der Ideen wird Sie und die Gruppe überraschen und zu weiterer Produktivität anspornen.

Phase zwei: Ergebnisse sortieren und bewerten

Fazit:

Das Brainstorming ist eine einfache Methode, die nahezu jeder kennt und die sehr praktikabel ist. Sie liefert schnell viele Ideen in großer Ideentiefe, aber weniger Ideenbreite, da die erstgenannten Ideen bereits eine Denkrille etablieren. Die strikte Unterbindung der Killerargumente erfordert viel Disziplin von einem Moderator und von der Gruppe.

Die **635-Methode** gehört zu den Techniken des Brainwritings. Diese „Brainwritings" sind im Prinzip eine schriftliche Variante des Brainstormings, bei denen jeder Teilnehmer erst einmal seine eigenen Ideen notiert, bevor Sie zur Weiterentwicklung in die Gruppe gegeben werden.

Das hat folgenden Vorteil gegenüber dem klassischen Brainstorming: Üblicherweise prägt die erste im Brainstorming geäußerte Idee die Aufmerksamkeit der Teilnehmer in diese Richtung

Größere Ideentiefe

und bildet somit die Möglichkeit einer Denkrille, in der dann weitergedacht wird. Man erhält so eher Ideentiefe (Ausarbeitungen, Varianten, Verfeinerungen der ersten Ideen). Wenn man eine Breite und Vielfalt an Ideen möchte, kann man diese schriftliche Variation des Brainstormings nutzen. Sie wurde 1968 von dem Unternehmensberater Prof. Bernd Rohrbach entwickelt.

Bei dieser Methode erhalten sechs Teilnehmer jeweils ein Blatt Papier. Es wird mit drei Spalten und sechs Reihen zu 18 Kästchen aufgeteilt. Jeder Teilnehmer formuliert drei Ideen, die er in der ersten Reihe (je Spalte eine) einträgt. Die Blätter werden nach angemessener Zeit – je nach Schwierigkeitsgrad der Problemstellung nach etwa drei bis fünf Minuten bzw. wenn der Schreibfluss versiegt – auf ein Signal im Uhrzeigersinn weitergereicht. Der Nächste soll versuchen, die bereits genannten Ideen aufzugreifen, zu ergänzen und weiterzuentwickeln. Die „schriftliche Diskussion" hilft, Killerphrasen und Totschlagargumente zu verhindern. Anschließend werden die Ideen vorgelesen und sondiert.

Schnell 108 Ideen kreieren Die Bezeichnung der Methode ergab sich aus den optimal sechs Gruppenmitgliedern, die jeweils drei erste Ideen produzieren und danach fünfmal die Ideen der letzten Reihe weiterentwickeln (6 Teilnehmer, je 3 Ideen, 5-mal Weiterreichen). Mit dieser Methode entstehen innerhalb von 30 Minuten maximal 108 Ideen: sechs Teilnehmerblätter mit je drei Ideen in sechs Reihen = 108 Ideen.

Fazit:

Die 635-Methode produziert sehr viele Ideen in recht kurzer Zeit. Da die Disziplinierung und Dokumentation hier über die Methode und nicht über eine Person erfolgt, erfordert sie niemanden, der moderiert und visualisiert. Ein Nachteil dieser schriftlichen Ideendiskussion ist jedoch, dass sie in der Ideenfindungsphase weniger Interaktion und Anregung zulässt als andere Kreativitätstechniken.

Thema

	Idee 1	Idee 2	Idee 3
1. Runde			
2. Runde			
3. Runde			
4. Runde			
5. Runde			
6. Runde			

Die 635-Methode

Bei der **Force-fit-Methode** wird ein bestimmter Trick angewendet, um die Gedanken aus den eingefahrenen Denkrillen zu schubsen und Denkblockaden zu lösen. Hier sollen bewusst Begriffe, Dinge oder Bilder miteinander in Verbindung gebracht werden, die nach dem üblichen, routinierten Denken überhaupt nicht zusammengehören („forced to fit"). Die Force-fit-Methode wird gerne zur Auflockerung und als spielerischer Wettkampf inszeniert: Zwei Mannschaften treten mit dem Ziel gegeneinander an, möglichst viele Lösungsansätze zu finden.

Die Voraussetzungen für die Force-fit-Methode sind eine Gruppe von 4 bis 16 Personen und etwa 45 Minuten Zeit. Die Gruppe bildet zwei Mannschaften von je zwei bis acht Personen und ernennt einen Moderator, der auf die Zeiteinhaltung achtet und die Ideen am Flipchart mitschreibt. Mannschaft A nennt einen vom Problem sehr entfernten Begriff (Reizwort). Mannschaft B muss nun innerhalb von zwei Minuten möglichst viele Lösungsansätze finden, die dieses Reizwort in irgendeiner Art und Weise beinhalten, aufgreifen oder nutzen. Anschließend gibt es eine Revanche und Mannschaft B nennt ein Reizwort für Mannschaft A. So führt man das Spiel im Wechsel etwa insgesamt 45 Minuten weiter.

Zwei Mannschaften und 45 Minuten Zeit

Wenn die Aufgabe von einer Mannschaft ungelöst bleibt, darf die andere fortsetzen. Der Moderator überwacht das Spiel. Eine lebhafte Gruppe kann in entspannt heiterer Atmosphäre sehr viele und sehr unterschiedliche Lösungsansätze produzieren.

Beispiel „Gesundheitsförderung bei bettlägerigen Menschen"
In einem Workshop wurden zwei Mannschaften gebildet, die zu dem Thema „Gesundheitsförderung bei bettlägerigen Menschen" spielerisch Ideen suchen sollten. Ausgangsbasis dieser Art des Brainstormings waren dabei Begriffe, die zunächst scheinbar sehr schwer mit dem Problem „Bettlägerigkeit" in Verbindung zu bringen waren. Reizwörter wie Reisen, Olympiade, Kunst usw. produzierten zunächst ein anfängliches Stutzen und dann ganz erstaunliche und sehr produktive Ansätze wie etwa: Mentalreisen, Entspannungsübungen, Mentaltraining (siehe Techniken des Spitzensports bei verletzten Sportlern) oder Reisen und Kontaktaufbau durch das Internet.

Fazit:

Force-fit-Methode erfordert eine entspannte und spielerische Atmosphäre, damit sich die Teilnehmer auf die ungewöhnliche Aufgabenstellung einlassen können. Ist das sichergestellt, macht sie sehr viel Spaß, zumal der Wettbewerbscharakter dieser Methode die Geschwindigkeit und Produktivität anheizt. Es können dann viele Ideen „off the road" kommen.

Umkehrung der Aufgabenstellung

Die **Kopfstandtechnik** basiert auf einer Umkehrung der ursprünglichen Aufgabenstellung und wird daher auch Umkehrtechnik genannt. Durch die Umkehrung wird die Fragestellung aus einer anderen Perspektive betrachtet und es werden Blockaden gelöst. Wichtig ist, dass bei der Umformulierung der ursprünglichen Fragestellung nicht einfach die Worte „nicht" oder „kein" davorgesetzt werden, denn dies gibt unserem Unterbewusstsein keinen klaren Impuls (denken Sie jetzt nicht an einen rosa Elefanten mit blauen Streifen und einer großen Schleife ...).

Zu einem definierten Problem werden mithilfe des Brainstormings erste Lösungsansätze gesammelt. Dann entfernt man sich vom Problem, indem auf der nächsthöheren Ebene weitergedacht wird. Der Blick wird immer wieder auf das eigentliche Ziel (bzw. das Ziel hinter dem Ziel) ausgerichtet. Dies geschieht durch die Fragen:

- Worauf kommt es eigentlich an?
- Was will ich eigentlich?
- Wie könnte das noch gehen?

Bezogen auf diese Ergebnisse werden nun erneut Lösungsansätze gesucht. Diese Fragen sind stufenweise so lange, wie es sinnvoll ist, zu wiederholen. Zum Schluss werden die Maßnahmen ausgewählt, die am erfolgversprechendsten für die Lösung des Problems erscheinen.

Stufenweise Lösungen entwickeln

Beispiel „Angebunden rund um die Uhr" oder die Belastung pflegender Angehöriger

Fragestellung: Wie kann die Belastung der pflegenden Angehörigen reduziert werden?

- *1. Frage: Wie kann die Belastung der pflegenden Angehörigen reduziert werden?*
  Lösungsideen: Urlaubs- und Wochenendvertretungen, Hebevorrichtungen zur körperlichen Entlastung, finanzielle Unterstützung
  Worauf kommt es eigentlich an?
  Ergebnis: Entlastung der Angehörigen
- *2. Frage: Was kann getan werden, damit Angehörige entlastet werden?*
  Lösungsideen: mehr Zeit für sich, Bewältigungshilfe/Austauschmöglichkeiten schaffen, Anerkennung schaffen, emotionale Stärkung
  Worauf kommt es eigentlich an?
  Ergebnis: emotionale und zeitliche Entlastung bzw. Stärkung der Angehörigen
- *3. Frage: Was kann getan werden, damit die Angehörigen emotional gestärkt werden?*
  Lösungsideen: Netzwerke zum Austausch und gegenseitiger Hilfestellung schaffen, Coaching und Therapie bei besonders schweren Belastungen, mehr Handlungssicherheit schaffen (Ausbildung)

Worauf kommt es eigentlich an?
Ergebnis: Möglichkeiten der Selbststeuerung wieder herstellen bzw. stärken

▪ 4. Frage: Was kann getan werden, damit die Selbststeuerung gestärkt wird?
Lösungsideen: Training und Unterstützung im Bereich Selbstwahrnehmung, Selbstmanagementmethoden
Auf dieser Ebene könnte die Wahl darauf fallen, an konkreten Umsetzungsideen zur Unterstützung im Bereich Selbstwahrnehmung und Selbstmanagement zu arbeiten.

Hinweis: Bei einem so vielschichtigen Thema sind sinnvollerweise Lösungen auf mehreren Ebenen und in mehreren Bereichen (körperlich, finanziell, emotional, organisatorisch etc.) zu etablieren.

Fazit:

Die Methode „Progressive Abstraktion" wirkt zunächst etwas verkopft und akademisch. Durch die stetige Perspektiverweiterung liefert sie jedoch sehr viele Ideen auf sehr unterschiedlichen Ebenen. Das Großartige an diesem Ansatz ist, dass immer wieder der Blick auf die wesentliche Frage ausgerichtet wird: „Was wollen wir eigentlich bewirken?" Eine Frage, die manchmal im Eifer des Gefechts aus dem Blickwinkel gerät!

Treibende und hemmende Faktoren

Unter **Kraftfeldanalyse** (engl. *force field analysis*) versteht man eine Methode zur Analyse der treibenden und hemmenden Faktoren in einer Situation. Mithilfe dieser Methode wird betrachtet, welche Kräfte eine Zielerreichung unterstützen (treibende Kräfte) und welche dagegenarbeiten (hemmende Kräfte). Die Kraftfeldanalyse geht auf den Gestaltpsychologen Kurt Lewin zurück und eignet sich vor allem zur Betrachtung sozialer Situationen (Veränderungssituationen, Stakeholdermanagement etc.). Soll in sozialen Situationen eine nachhaltige Veränderung bewirkt werden, empfiehlt es sich zu analysieren, welche Interessen verschiedene Räume zur Verfügung haben, können Sie auch innerhalb eines Raumes mit Stühlen, Kärtchen oder Symbolen Ihre Denkpositionen markieren. Haben Sie stimmige Plätzchen gefunden? Dann kann es losgehen!

Zunächst werden Sie wahrscheinlich etwas Mühe haben, in die entsprechende Denkhaltung hineinzufinden bzw. umzuschalten. Mit jeder Wiederholung erleichtert die Verbindung mit einem festen Platz dieses Umschalten jedoch ganz wesentlich. Darüber hinaus gibt es noch einen weiteren Trick, Ihrem Gehirn mitzuteilen, was es jetzt für Sie tun kann: Das Hineinfinden in eine bestimme Denkhaltung können Sie dadurch beschleunigen, dass Sie sich in eine Situation versetzen, in der Sie schon einmal ausgezeichnet in diesem Denkstil gearbeitet haben. Lassen Sie diese Erinnerung einmal kurz aufleben und dann steigen Sie in die entsprechende Position ein. Ihr Gehirn kann dann leichter an den gewünschten Arbeitsmodus anknüpfen.

Beginnen Sie den Kreislauf immer mit dem Träumer und lassen Sie sich Ideen, ein Zielbild oder eine Vision schenken. Dann wird dieser kreative Anfang dem Realisten übergeben, der daraus einen Plan macht. Anschließend kommt der Kritiker zum Zug, der nach kritischen Punkten und Verbesserungspotenzial sucht. Achten Sie darauf, dass Sie nicht zu lange in einem bestimmten Denkstil verweilen. Diese Reihenfolge wird so lange durchlaufen, bis alle Positionen zufrieden sind: Sie haben nun eine ausgearbeitete Idee, die kritischen Aspekte erfolgreich integriert und bereits eine gedankliche Skizze entwickelt, wie Sie dies alles umsetzen können.

Mit dem Träumer anfangen

Träumer

Hier produzieren Sie Ihre fantastischsten Einfälle. Sie spielen mit Möglichkeiten und vor allem Unmöglichkeiten. Sie stellen die Dinge auf den Kopf, beschäftigen sich mit abseitigen Themen, machen Späße und tellen waghalsige Verbindungen her. Sie dürfen fast alles, nur eines nicht: ernsthaft über das Problem nachdenken.

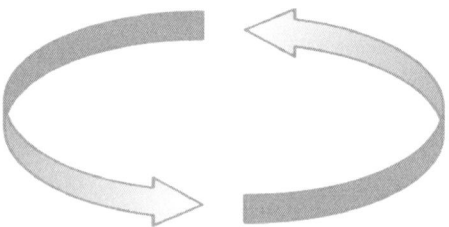

Realist

Hier schalten Sie Ihren „Normalverstand" ein. Versuchen Sie, die verrückten Ideen des Träumers weiterzuentwickeln. Greifen Sie Anregungen auf, aber suchen Sie auch jetzt neue Lösungen. Gehen Sie planmäßig und vernünftig vor. Wählen Sie den kürzesten und zweckmäßigsten Weg und gehen Sie pragmatisch vor.

Kritiker

Unterziehen Sie Ihre Ideen einer schonungslosen Kritik. Prüfen Sie: Was ist daran? Lässt es sich umsetzen? Lohnt sich die Sache? Will ich sie überhaupt? Was ist überflüssig und kann gestrichen werden?

Walt-Disney-Strategie

....

Fazit:

Mit der Walt-Disney-Strategie erhalten Sie nicht nur interessante Ideen, sondern bereits einen Ansatz zur Umsetzung. Darüber hinaus trainieren Sie Ihr kreatives, planerisches und kritisches Denken und den flexiblen und effektiven Einsatz dieser Kompetenzen.

....

Zusammenfassung Kreativitätstechniken

Die Ideenfindung und Kreativität für Ihr Konzept kann gezielt unterstützt, gefördert und genutzt werden. Die hier vorgestellten Methoden bilden nur eine kleine Auswahl von einer großen Vielzahl an Techniken, die hierfür zur Verfügung stehen. So vielfältig und bunt diese Methoden auch sein mögen, so haben sie doch ein gemeinsames Ziel: Sie zielen darauf ab, das Unterbewusstsein zu aktivieren bzw. ein Thema aus einer anderen Perspektive zu betrachten. Ist dieses Grundprinzip verstanden, kann sehr kreativ mit den Techniken umgegangen werden. Ein Prinzip wohnt allen Techniken inne: die konsequente Trennung von kreativem und logisch-analytischem Denken.

3.4 Das Konzept schlüssig strukturieren

Unser Gehirn liebt Struktur

Nachdem Sie in den vorherigen Phasen Ziele geklärt, Zusammenhänge erforscht, recherchiert und Ideen generiert haben, haben Sie viele Informationen angehäuft. Nun gilt es, Ordnung ins Chaos zu bringen. Was ist in der Phase der Strukturierung wichtig? Und wie können wir sinnvoll Struktur schaffen?

> *„Mache die Dinge so einfach wie möglich – aber nicht einfacher!"*
> ALBERT EINSTEIN, PHYSIKER

Als Einstieg in das Thema möchte ich Sie zunächst erleben lassen, wie unser Gehirn Ordnung liebt und gegebenenfalls beherzt aufräumt. Was sehen Sie, wenn Sie die folgende Abbildung betrachten?

Unser Gehirn räumt auf

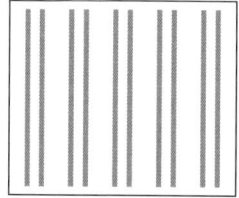

Die meisten Menschen sehen hier fünf schmale Säulen anstatt nur eine Ansammlung von Linien. Bevor die Wahrnehmung dieser Linien unser Bewusstsein erreicht hat, hat unser Gehirn schon aufgeräumt. Es versucht unablässig Dinge, die zusammengehören könnten, zu gruppieren. Die Gestaltpsychologie hat sich sehr ausführlich mit der Frage beschäftigt, wie unser Gehirn Ordnung schafft. Sie hat viele spannende Gesetze gefunden, wie Menschen wahrnehmen. So nimmt unser Gehirn zum Beispiel an, dass Dinge, die dicht zusammenliegen, auch eher zueinandergehören (Gesetz der Nähe). Ein weiteres Phänomen der Wahrnehmung ist die Gruppierung von ähnlichen Merkmalen. Nach dem Gesetz der Ähnlichkeit/Gleichheit wird zusammengruppiert, was ähnlich aussieht oder ähnliche Merkmale hat. Die Gestaltpsychologie beschreibt noch viele weitere Gesetze, wie unser Gehirn Strukturen schafft. Es geht zum Teil dabei sogar so weit, dass wir Sachen zu sehen meinen, die gar nicht vorhanden sind. Nach dem Gesetz der guten Gestalt möchte unser Gehirn um jeden Preis eine möglichst einfache Struktur. Zur Not erfindet es sogar etwas dazu – wie die folgende Abbildung zeigt.

Dreieck von Kanizsa (Diese und weitere optische Täuschungen finden Sie unter www.wikipedia.de unter dem Stichwort „Optische Täuschung".)

Wesentliche. Ohne diesen Zuruf kam bei Nannen kein Artikel in die Zeitschrift.

Beherzigen wir diese Methode der Schreibprofis! Stellen Sie sich also vor, Sie sitzen an Ihrem Schreibtisch und arbeiten gerade an Ihrem Konzept. Da kommt ein Kollege und fragt im Vorbeigehen: „Worauf wollen Sie eigentlich in Ihrem Konzept hinaus?" Was würden Sie ihm zurufen? Ein Beispiel gefällig? Bezogen auf unser Thema „Konzept" würde ich zwei Zurufe machen, je nachdem aus welcher Perspektive ich die Frage beantworten möchte. Wenn an meinem Schreibtisch ein Geschäftsführer vorbeikommt, der sich vielleicht gerade Gedanken macht, was erfolgreiche Konzepte auszeichnet, würde meine Antwort wie folgt lauten.

Fokus auf das Wesentliche

Beispiel „Zuruf 1"
„Damit ein Konzept erfolgreich ist, muss es erkennbar Nutzen bieten."
Zur weiteren Erläuterung würde ich dann das ZEBRA-Prinzip als Konzept-TÜV anführen.

Wenn Sie, der Sie vielleicht gerade ein Konzept entwickeln, an meinem Schreibtisch vorbeikämen und nach dem Schlüssel zur erfolgreichen Konzepterstellung fragen, würde ich vermutlich wie folgt antworten.

Beispiel „Zuruf 2"
„Damit Sie erfolgreich bei der Konzepterstellung sind, beherzigen Sie die sechs Phasen der Konzeptentwicklung und gehen Sie dabei schrittweise vor."

Halten wir fest: Der Küchenzuruf diszipliniert Sie, Ihre Gedanken und Inhalte genau auf diesen Fokus auszurichten. Diese Kernbotschaft beinhaltet den zentralen Hebel, mit dem Sie ansetzen wollen. Sie ist somit der Dreh- und Angelpunkt des Konzeptes. Mit ihr beginnt der rote Faden. Und endet der rote Faden.

Kernbotschaft als Dreh- und Angelpunkt

Genug der Worte – lassen Sie uns Taten sehen. Ich mache mich jetzt also auf den Weg und spaziere an Ihrem Schreibtisch vorbei und frage Sie: Was ist die Kernbotschaft Ihres Konzeptes?

_____

_____

2. Kernstruktur entwickeln

Pyramidale Struktur nutzen Bauen Sie nun ein stabiles Gedankengebäude. Dafür können Sie eine pyramidale Struktur nutzen. Die Pyramide lenkt sehr gezielt die Aufmerksamkeit, ist logisch und darüber hinaus eines der stabilsten Bauwerke der Welt. Die Pyramiden sind übrigens das einzige der sieben Weltwunder der Antike, das noch erhalten ist. Das Besondere an der Bauweise ist, dass jeder Stein auf mindestens zwei anderen Steinen sitzt. Damit erhält das Bauwerk Stabilität und kann hervorragend Anfechtungen jeder Art (Unwetter, Zweifler und Kritiker usw.) trotzen.

Pyramidale Struktur nach Barbara Minto

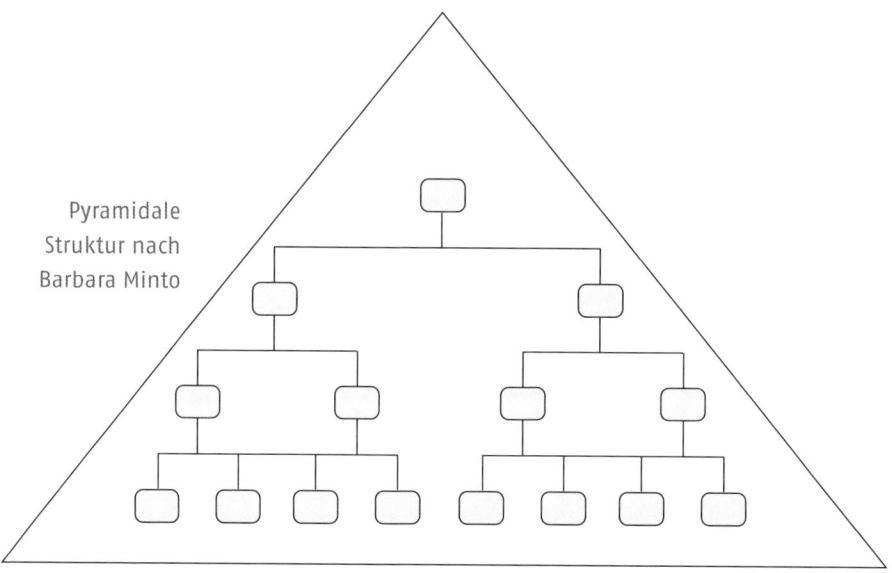

Die Unternehmensberaterin Barbara Minto, die die sogenannte pyramidale Kommunikation entwickelt hat, empfiehlt für den Aufbau einer Kernstruktur ein Top-down-Vorgehen. Top down geht vom Abstrakten, Allgemeinen, Übergeordneten schrittweise hin zum Konkreten bzw. Speziellen. Sie nehmen also Ihre Kernthese und leiten daraus Ihre nächsten Aussagen ab. Deduktion heißt dieses Vorgehen und meint den Schluss vom Allgemeinen auf das Besondere.

Wenn sich noch kein Kern herauskristallisiert hat, kann man natürlich auch umgekehrt vorgehen. Dann sammeln Sie zu einem Themengebiet Informationen, Beobachtungen und so weiter und verdichten – bottom up – Ihre Erkenntnisse zu allgemeineren Aussagen (auch induktives Vorgehen genannt), bis Sie so zu Ihrer Kernbotschaft kommen.

Auch induktives Vorgehen möglich

Top-down-Vorgehen   Bottom-up-Vorgehen

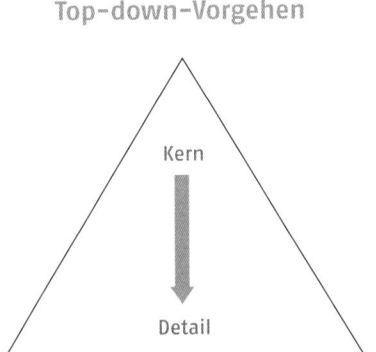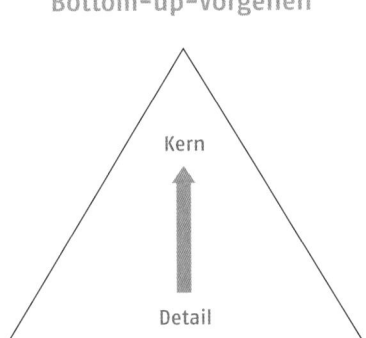

Top-down- und Bottom-up-Vorgehen

Da der Arbeitsspeicher des menschlichen Gehirns auf die magische Zahl Sieben beschränkt ist, soll in einer Pyramide jeder Baustein durch zwei bis maximal sieben Bausteine (Argumente, Begründungen, Thesen, Phasen usw.) untermauert werden. Mehr verwirrt, weniger wirkt nicht überzeugend und ist häufig

Magische Zahl Sieben

ein Hinweis dafür, dass Ihre Argumentation (noch) nicht stichhaltig ist. Das Charmante am Pyramidenprinzip ist, dass Sie jedes Argument als die Spitze einer neuen, untergeordneten Pyramide betrachten können, die Sie wiederum mit zwei bis sieben Argumenten untermauern, bis Sie alle Ihre Informationen zugeordnet haben.

Im Folgenden nun zwei Pyramiden-Beispiele zum Thema „Konzept". Eine weitere Pyramide finden Sie übrigens in Kapitel 3.3 zum Thema „Kreativitätsprozess".

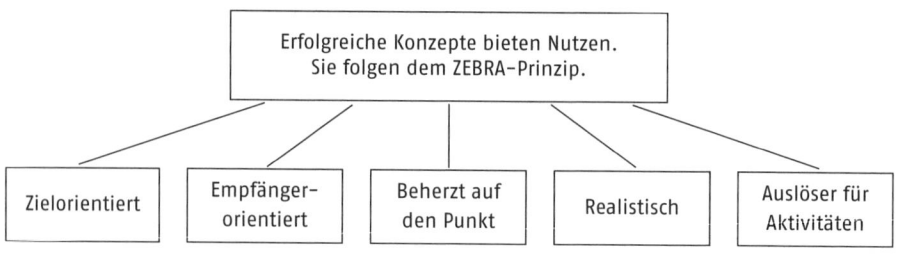

Pyramide zum Zuruf 1

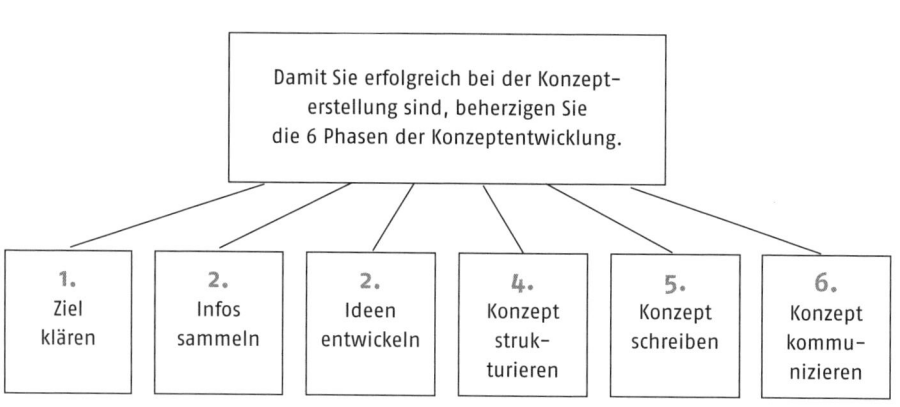

Pyramide zum Zuruf 2

Es gibt unterschiedliche Möglichkeiten, wie Sie Ihr Gedankengebäude aufbauen können. Einige der Ordnungsmöglichkeiten
haben Sie bereits anhand der Pyramidenbeispiele gesehen. Im
folgenden Kasten finden Sie weitere. Die ersten beiden Struk-
turierungen werden dabei im Arbeitskontext übrigens am häufigsten genutzt.

Verschiedene
Ordnungs-
möglichkeiten

Arten der Ordnung

chronologisch
Ordnungskriterium: zeitliche Abfolge (Beispiel Konzeptphasen, Kreativitätsprozess)

deduktiv
Ordnungskriterium: vom Allgemeinen zum Konkreten
(Beispiel ZEBRA-Prinzip)

hierarchisch
Ordnungskriterium: Wichtigkeit

strukturell
Ordnungskriterium: Orte, Bereiche, Zielgruppen ...

argumentativ
Ordnungskriterium: Pro und Kontra

Und so erhalten Sie einen schlüssigen Aufbau Ihrer Kernstruktur:
Die Ableitung der Aussagen nach unten erreichen Sie durch
Fragen wie zum Beispiel „Wie?", „Warum?", „Was?", „Wer?". Mit
diesem Vorgehen erhalten Sie eine vertikale Ordnung. Damit
auch in der horizontalen Ebene eine sinnvolle und nachvollzieh-
bare Ordnung entsteht, stellt Barbara Minto die strenge Forderung auf, dass Aussagen auf einer Ebene folgenden Anforderungen genügen müssen: Die Ideen auf jeder Ebene müssen eine
Zusammenfassung der unter ihnen gruppierten Ideen sein und

Schlüssiges
Konzept durch
schlüssige
Ordnung

die Ideen in jeder Gruppierung müssen derselben logischen Kategorie angehören. Das heißt, wenn die erste Idee in der horizontalen Ebene ein Schritt in einem Prozess ist, sollten die anderen Ebenen auch einen Schritt in einem Prozess darstellen. Ist die erste Idee der Ebene ein Grund, sollten die restliche auch Gründe darstellen, und so weiter. Eine pragmatische Prüfung per Augenschein, ob die Aussagen einer Ebene zur selben gedanklichen Stufe gehören und ob auf der untersten Ebene die Fragen vollständig und überschneidungsfrei beantwortet sind, ist in den meisten Fällen völlig ausreichend. Diese Prüfung sollten Sie jedoch unbedingt machen, denn sie ist entscheidend für die Schlüssigkeit Ihrer Konzeptstruktur. Unvollständigkeiten oder logische Schwachpunkte können so aufgedeckt und nachgebessert werden. Diese Mühe lohnt sich, denn ohne schlüssige Argumentation kein schlüssiges Konzept.

Die logische Kette Der Vollständigkeit halber sei an dieser Stelle noch eine weitere Argumentationsstruktur erwähnt. Da die logische Gruppe (Pyramide) im Allgemeinen akzeptierte Aussagen, Ergebnisse und Schlussfolgerungen zusammenfasst, holt sie den Leser/Zuhörer, der noch überzeugt werden will, nicht immer optimal ab. Hier bietet sich eine andere Form der Schlussfolgerung an: die logische Kette. Sie folgt der deduktiven Logik und verknüpft drei Aussagen:

- Im ersten Argument treffen Sie eine allgemeingültige oder möglichst unzweifelhafte Aussage über einen Sachverhalt.
- Dann wird eine zweite Aussage zu diesem Sachverhalt getroffen.
- Aus der Verknüpfung folgt eine logische Schlussfolgerung. Diese beginnt normalerweise mit „deshalb".

Beispiele für Schlussfolgerungen
Hier das berühmteste Beispiel dieser Art der Schlussfolgerung
1. Alle Menschen sind sterblich.
2. Sokrates ist ein Mensch,
3. deshalb ist Sokrates sterblich.

Oder gefällt Ihnen dies besser?
1. Alle Menschen sind fehlbar.
2. Philosophen sind Menschen,
3. deshalb sind Philosophen fehlbar.

Diese deduktive Argumentation legt die Gedankengänge sehr   Transparente
transparent dar. Sie kann benutzt werden, um empfohlene Maß-   Gedankengänge
nahmen nachvollziehbar zu begründen. Darüber hinaus dämpft
sie unangenehme Botschaften ab. Ihr Nachteil liegt jedoch darin,
dass die gesamte Argumentation in sich zusammenfällt, wenn
sich eines der Argumente als fehlbar erweist. Beide Formen der
Argumentation (logische Gruppe und logische Kette) können
selbstverständlich kombiniert werden.

3. Details darstellen

Erst nachdem Sie Ihr Gerüst gebaut haben, dürfen Sie mit den   Trennung von
Details loslegen und diese auch schriftlich festhalten. Die Tren-   Denk- und
nung von Denk- und Schreibprozess ist unter anderem deshalb   Schreibprozess
wichtig, weil für die Kommunikation Ihrer Inhalte grundsätzlich
der Top-down-Prozess vorzuziehen ist. Das können Sie aber erst
leisten, wenn Sie sich bereits den Überblick erarbeitet haben.
Darüber hinaus haben die meisten Menschen nur eine vage
Vorstellung von ihren Ideen, bevor sie hören, was sie sagen, oder
lesen, was sie schreiben. Ideen werden klarer, wenn sie sichtbare Gestalt annehmen. Das ist ein Prozess. Die gute Gestalt
einer übersichtlichen Ordnung (z. B. in Form einer Pyramide)
hilft Ihnen bei der Konkretisierung Ihrer Vorstellungen. Und
bildet möglicherweise bereits den größten Teil der Kapitel oder
der Agendapunkte ab.

Von der Pyramide zur Gliederung

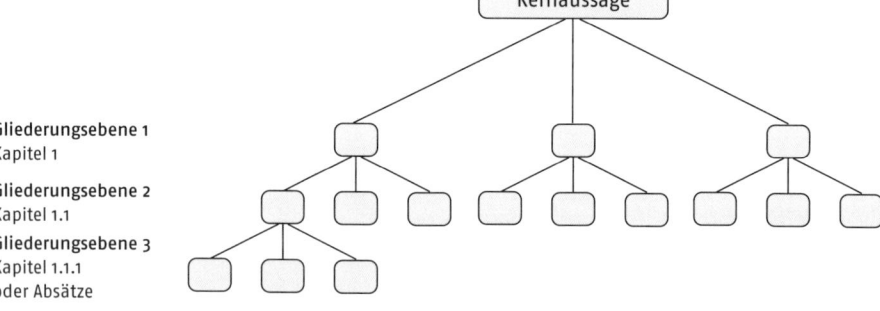

Die Gliederung

> Nichts kann existieren ohne Ordnung –
> nichts kann entstehen ohne Chaos.
>
> ALBERT EINSTEIN

Ergebnis steht im Vordergrund Der Top-down-Prozess ist in der Kommunikation grundsätzlich vorzuziehen. Er stellt das Ergebnis voran und damit in den Vordergrund. Wie auch immer Sie in Ihrer eigenen Sortierung vorgegangen sind – top down, bottom up oder auch eine Kombination dieser Verfahren –, lassen Sie nicht den Leser/Hörer mühsam Ihre Entwicklungsarbeit nachvollziehen! Bringen Sie stattdessen die Kernbotschaft zuerst. Was zunächst so erscheint, als würden Sie mit der Tür ins Haus fallen, ist tatsächlich der Türöffner für das Gehirn. Wir können Informationen besser aufnehmen und verarbeiten, wenn wir wissen, wozu diese nützlich sind und wie sie einsortiert werden sollen. Sie bauen dementsprechend keine Spannung auf, wenn Sie jede einzelne Verbesserungsmaßnahme im Detail erläutern. Bringen Sie Ihre Kernbotschaft stattdessen vorweg, denn damit wecken Sie das Interesse für Ihre Umsetzungsideen. Vermitteln Sie also gleich zu Beginn Ihre Kernbotschaft.

Beispiel
„Sie können ...
... 50 Prozent mehr Umsatz machen
oder
... 30 Prozent Kosten sparen
oder
... einen neuen Markt erobern
oder
... erfolgreiche Konzepte erstellen
Und im Folgenden erläutere ich, wie Sie dies erreichen können."

Tipp: Stellen Sie das Wichtigste – Ihre Kernbotschaft –
voran!

Ausnahmen von der Regel, das Wichtigste voranzustellen, sind dort möglich, wo ein schrittweises Herleiten sinnvoll erscheint. Das ist zum Beispiel der Fall, wenn der Prozess in den Fokus gestellt werden soll, wie das häufig bei wissenschaftlichen Arbeiten der Fall ist. Oder in dem Fall, in dem Sie mit Ihren Kernaussagen auf spontane Ablehnung treffen würden und zunächst den Boden dafür bereiten möchten.

Ausnahme bei wissenschaftlichen Arbeiten

Die Idee, das Wichtigste voranzusetzen, ist übrigens nicht neu. Seit 1861 kommt der Informationskern zuerst – zumindest bei den Profis: Zur Zeit des amerikanischen Bürgerkriegs 1861 bis 1865 wurden die Nachrichten über Telegrafenleitungen an die Zeitungsredaktionen gefunkt. Da die Leitungen sehr störanfällig waren, übermittelte der Funker den Informationskern zuerst (Pyramidenprinzip). Wenn, was häufig vorkam, der Funkverkehr gestört wurde, waren zumindest schon mal die wichtigsten Informationen in der Redaktion. Seitdem ist „Das Wichtigste zuerst" bestimmender Leitgedanke bei den Journalisten und Redakteuren, eben jenen Menschen, die sich professionell mit dem Schreiben und der Informationsweiterleitung beschäftigen.

Obwohl wir heute über belastbarere Datenverbindungen als zu Zeiten des amerikanischen Bürgerkrieges verfügen, ist dieses Prinzip aktueller denn je. Denn mit dem informationstechnologischen Fortschritt und dem damit einhergehenden exponentiellen Anstieg der Datenflut haben unsere Gehirne leider noch nicht mithalten können.

Dieses sinnvolle Top-down-Prinzip hat sich aber in unserer Kommunikation erstaunlicherweise noch nicht durchgesetzt. Oft muss man sich durch lange Texte oder Präsentationen quälen, bevor man versteht, worum es überhaupt geht. Nicht immer schafft man es mit wachem Verstand bis dahin. Machen Sie es besser, indem Sie die folgenden Prinzipien im nächsten Kapitel beachten.

Aufbau und Gliederung von Konzepten

Im Kapitel 2.3 haben Sie gesehen, dass je nach Funktion, Art und Branche unterschiedliche Anforderungen an Konzepte gestellt werden. Es kann somit keine Gliederung geben, die für alle Konzepte gleichermaßen gilt. Unterschiedliche Branchen haben unterschiedliche Gepflogenheiten. Unterschiedliche Unternehmen fordern unterschiedliches Vorgehen. Unterschiedliche Auftraggeber zeigen unterschiedliche Vorlieben. Die Gliederung Ihres Konzeptes ergibt sich somit aus Ihrem Ziel, den Anforderungen Ihrer Empfänger und Ihrer erarbeiteten inhaltlichen Struktur.

Dennoch gibt es zum einen eine Empfehlung für den Aufbau Ihres Konzeptes und zum anderen eine allgemeine Gliederung, die sich für sehr viele Konzepte als Vorlage eignet. Damit Sie mit Ihrem Konzept brillieren können, brauchen Sie eine gute Gestalt für das gesamte Konzept. Und welche Gestalt würde sich besser dafür eignen als ein Brillant? Ein Brillant ist übrigens ein Diamant mit einem speziellen Schliff, durch den er eine besondere Strahlkraft erhält. Je mehr Licht vom Stein in Richtung Betrachter gebrochen wird, desto höher ist die Brillanz. Verpassen Sie also Ihrem Rohdiamanten nun noch den professionellen Schliff. Das

3. Vorgehensweise

Erläutern Sie, welche Vorgehensweise Sie vorschlagen. Wie soll das Ziel erreicht werden? Welche Ideen zur Lösung bestehen? Wie sehen der Projektumfang und der Projektinhalt aus? Welche Voraussetzungen müssen vorliegen?

4. Kosten/Nutzen

Schildern Sie den geschätzten Aufwand an Ressourcen (Zeit in Personentagen, Material, Geld ...) und stellen Sie den Nutzen (Zeit, Gewinn, Ressourcen, Image, Sicherheit ...) dar.

5. Maßnahmen-/Ressourcen-/Zeitplan

Erläutern Sie, welche konkreten Maßnahmen Sie vorschlagen. Eine Einschätzung des geplanten Ressourcen- und Zeitaufwandes kann für die weitere Planung hilfreich sein. Für größere Projekte, bei denen mehrere Personen zusammenarbeiten, ist es sinnvoll, den Aufbau des Projektteams inklusive der einzelnen Verantwortlichkeiten festzulegen. Längerfristige Projekte sollten durch Meilensteine untergliedert werden.

6. Fazit und Aufforderung

Gerade bei umfangreichen Konzepten kann es hilfreich sein, die Ausarbeitungen noch einmal zusammenzuführen in Form einer Zusammenfassung oder Schlussfolgerung (aber keine Wiederholung der Managementsummary). Machen Sie darüber hinaus deutlich: Zu welchem Handeln wollen Sie auffordern? Was sind die nächsten Schritte?

7. Anlagen

Umfangreiches Zahlen- und Datenmaterial stört die zügige und fokussierte Informationsaufnahme und gehört in den Anhang (statistisches Material, Glossare, Literatur- und Quellenverzeichnisse usw.).

Steht man noch am Anfang eines Vorhabens und möchte zunächst prüfen, ob sich eine nähere Beschäftigung mit dem Thema lohnt bzw. in welche Richtung weitergedacht werden soll, werden Sie in diesem Stadium noch kein detailliertes Konzept ausarbeiten wollen. Hier bietet sich eine Konzeptskizze an, in der Sie grob einen oder mehrere Lösungswege skizzieren bzw. mehrere Szenarien aufzeigen, damit eine Entscheidung getroffen werden kann, ob ein Konzept erstellt werden soll.

Um eine gute Entscheidung treffen zu können, bedarf es einer gut aufbereiteten Entscheidungsgrundlage: Stellen Sie ähnlich wie in der Konzeptvorlage beschrieben die Rahmeninformationen dar. Statt einer ausführlichen Darlegung eines Lösungsweges werden Sie in der Skizze Ihre Lösungsvorschläge nur grob entwickeln. Schildern Sie, welche Auswirkungen diese Optionen nach sich ziehen, einschließlich deren Bewertungen. Greifen Sie dabei die Zielvorstellungen Ihres Auftraggebers auf. Kriterien können zum Beispiel die folgenden sein:

- Lösungen werden anhand des zu erwartenden Nutzens eingeschätzt.
- Lösungen werden bezüglich der Kosten eingeschätzt, die sie verursachen.
- Chancen und Risiken von Lösungen werden sichtbar gemacht und bezüglich ihrer Eintrittswahrscheinlichkeit beurteilt.
- Argumente für und wider eine Lösung werden gesammelt und erläutert.

Vorlage für Ihre Konzeptskizze

Titel der Konzeptskizze

1. Managementsummary
Das Wichtigste zuerst. Erläutern Sie in wenigen Worten, warum sich das Lesen dieser Konzeptskizze lohnt (Kernbotschaft und Nutzenargumentation).

2. Hintergrund und Ziel

Schildern Sie das Problem und die Rahmenbedingungen (Ist-Analyse). Nachdem Sie den Hintergrund erläutert haben, erklären Sie das Ziel des Konzeptes. Beschreiben Sie, was Sie erreichen wollen (Soll-Analyse). Weiterhin können Spezifikationen sinnvoll sein wie zum Beispiel für wen bzw. mit wem das Ziel erreicht werden soll (Zielgruppe, Anwender, Kunden).

3. Lösungsideen

Erläutern Sie, welche Ideen zur Lösung bestehen. Skizzieren Sie Ihren Lösungsweg. Wenn mehrere Wege zur Diskussion stehen, skizzieren Sie möglichst drei Lösungsszenarien inklusive Bewertung. Von den drei Szenarien kann einer die Beibehaltung des Status quo beinhalten.

4. Empfehlung

Welches Vorgehen schlagen Sie aus welchen Gründen vor?

5. Fazit und Aufforderung

Führen Sie die Ausarbeitungen noch einmal in Form einer Zusammenfassung oder Schlussfolgerung zusammen (aber keine Wiederholung der Managementsummary). Machen Sie darüber hinaus deutlich: Zu welchem Handeln wollen Sie auffordern? Was sind die nächsten Schritte?

Fazit:

Wenn die Kernbotschaft herausgearbeitet ist und ein stabiles und schlüssiges Gedankengebäude erstellt wurde, können Sie das Richtfest feiern. Der größte Teil ist geschafft! Außerdem hat Ihr Konzept nun bereits die schwerste Prüfung bestanden, denn mit einem schlüssigen Aufbau sind Sie von einem schlüssigen Konzept nur noch einen kleinen Schritt entfernt.

3.5 Das Konzept überzeugend schriftlich darstellen

Unabhängig davon, ob Sie Ihr Konzept schriftlich einreichen oder ob Sie es selbst präsentieren können – echte und damit nachhaltige Überzeugung entsteht, wenn Menschen Ihren Argumenten und Ihrer Gedankenführung folgen. Und das hat auch im unternehmerischen Alltag nicht primär mit Ihrer rationalen Argumentation zu tun. Schon in der Antike erklärte Aristoteles (384–322 v. Chr.), der sowohl die Philosophie als auch mehrere wissenschaftliche Disziplinen entscheidend prägte, dass neben der sachlichen Argumentation (Logos) Glaubwürdigkeit (Ethos) und Emotionen (Pathos) die entscheidenden Überzeugungsmittel seien.

Der Leser oder Zuhörer wird in der Regel nicht alle Details Ihres Konzeptes nachprüfen wollen, geschweige denn können. Die Komplexität der Situation, das häufig erforderliche Expertenwissen und die limitierte Zeit führen meist nur zu Plausibilitätsprüfungen, bei denen der Empfänger entscheiden muss, ob Ihre Ausführungen glaubwürdig sind und er Ihnen vertrauen kann. Voraussetzung, um Glaubwürdigkeit zu vermitteln, ist natürlich zunächst, dass Sie selbst überzeugt sind, dass Ihre Ausarbeitungen stimmig und nutzbringend sind. Wenn Sie das geprüft haben, ist nun der Aufbau von Vertrauen wichtiger, als alle Informationen in Vollständigkeit zu präsentieren.

> *„Nicht das Argument, sondern die Person überzeugt."*
> FRIEDRICH SIEBURG,
> SCHRIFTSTELLER

Vertrauen und
ein gutes Gefühl   Sorgen Sie dafür, dass der Empfänger Vertrauen und ein gutes Gefühl entwickeln kann, indem Sie eine Brücke zu ihm bauen. Knüpfen Sie an die in der Auftragsklärung herausgearbeiteten Ziele und Erwartungen an und zeigen Sie, wie diese Anliegen erfüllt werden. Nehmen Sie beim Schreiben einen Perspektivenwechsel vor: Setzen Sie sich gedanklich auf den Stuhl des

Empfängers und erläutern Sie das Thema konsequent aus dieser Perspektive. In drei Stufen erreichen Sie eine überzeugende empfängerorientierte Darstellung Ihres Konzeptes:

- Nehmen Sie die Perspektive des Empfängers ein!
- Schreiben Sie Klartext!
- Sorgen Sie dafür, dass sich der Empfänger eine Vorstellung machen kann!

Die Perspektive des Empfängers einnehmen

„Wenn es überhaupt ein Geheimnis des Erfolges gibt, so besteht es in der Fähigkeit, sich auf den Standpunkt des anderen zu stellen und die Dinge ebenso von seiner Warte aus zu betrachten wie von unserer."

HENRY FORD,

AMERIKANISCHER GROSSINDUSTRIELLER

Echte und damit nachhaltige Überzeugung entsteht also, wenn Menschen merken, dass sie mit ihren Interessen ernst genommen werden, und wenn sie relevante Lösungen für ihre Belange erfahren. Das ist der entscheidende Unterschied zwischen nachhaltigem Überzeugen und Überreden.

Relevante Lösungen anbieten

Damit Sie überzeugen und nicht überreden, ist es wichtig zu wissen, wer der Empfänger Ihres Konzeptes ist. Welche Interessen, Sorgen und Erwartungen hat er? Je mehr Sie über Ihren Empfänger wissen, desto zielgerichteter und empfängerorientierter können Sie Ihre Ausführungen ausrichten und desto überzeugender können Sie Ihre Argumente aufbauen. In den meisten Fällen wird sicherlich Ihr Auftraggeber der erste Adressat Ihres Konzeptes sein. Dann können Sie an die in der Auftragsklärung herausgearbeiteten Ziele und Erwartungen anknüpfen und zeigen, welche Lösungen Sie dafür anbieten. Wenn wir jedoch an unser Beispiel der „Außendarstellung des Unternehmens" zurückdenken, wird nicht nur der Geschäftsführer über die Optimierungsmaßnahmen informiert werden wollen. Je nach Thema, Diskussions- und Entscheidungskultur des Unternehmens und Umsetzungsphase werden früher oder später weitere Personenkreise Informationen benötigen und eingebunden werden – zum Beispiel die folgenden:

- die Marketingabteilung, die diese Maßnahmen entwickelt
- die IT-Abteilung, die für die technische Umsetzung sorgt
- die Abteilungen und Personen, die die Maßnahmen intern und extern kommunizieren
- der Außendienst, der die neuen Botschaften und Werbemittel zu den Kunden transportiert
- der Betriebsrat oder Personalrat, der bei vielen grundsätzlichen Entscheidungen, bei denen die Belange der Arbeitnehmer betroffen sind, ein Informations- bzw. Mitspracherecht innehat (geregelt im Betriebsverfassungsgesetz)
- die Mitarbeiter, die die Maßnahmen mit Leben füllen sollen

Brücken bauen Überlegen Sie jeweils für Ihre Empfänger, wie Sie eine Brücke bauen können. Folgende Fragen können Ihnen helfen, sich in Ihre Leser/Hörer hineinzuversetzen.

Schlüsselfragen für den Perspektivenwechsel

1. Aus welcher Perspektive betrachtet der Empfänger das Thema?
2. Welche Rolle hat der Empfänger in Bezug auf das Thema?
3. Welche Interessen hat der Empfänger?
4. Welche Fragen sind schwerpunktmäßig im Konzept zu beantworten?
5. Welche Nutzenargumentation wird ihn überzeugen?
6. Welche Informationen werden in welcher Tiefe benötigt?
7. Welche weiteren Besonderheiten sind zu beachten?

Drei wichtige Empfänger-gruppen Neben individuellen Interessen gibt es natürlich Interessenlagen und Perspektiven, die grundsätzlich mit bestimmten Rollen einhergehen. Geschäftsführer und Führungskräfte der obersten Führungsebene haben einen anderen Blick und eine andere

Funktion in Bezug auf Ihr Konzept als zum Beispiel diejenigen, die später von der Umsetzung betroffen sind. Und Kollegen, die an der Erarbeitung des Konzeptes beteiligt sind, werden wiederum eine andere Perspektive auf das Thema einnehmen. Damit sind die drei wichtigsten Empfängergruppen Ihres Konzeptes aufgezeigt.

- Entscheider: Geschäftsführer, oberste Führungsebene, Aufsichtsrat usw. und manchmal der Betriebsrat bzw. Personalrat
- Beteiligte: Konzept- oder Projektbeteiligte, Unterstützer, Konzeptsponsoren
- Betroffene: Anwender, Umsetzer wie zum Beispiel Mitarbeiter, Kunden, Vertriebspartner

Setzen Sie sich nun gedanklich jeweils auf den Stuhl dieser Empfänger und betrachten Sie Ihr Konzept konsequent aus den entsprechenden Perspektiven. Die folgende Tabelle beleuchtet im Überblick die spezifischen Perspektiven und Rollen Ihrer Empfängergruppen bezogen auf Ihr Konzept. Im Anschluss können Sie dann nähere Erläuterungen dazu lesen.

1. Aus welcher Perspektive betrachtet der Empfänger das Thema?

Vertreter der obersten Führungsetage (Geschäftsführer, Vorstand, CEO usw.) haben aufgrund ihrer Funktion eher das gesamte Unternehmen aus einer strategischen Perspektive im Blick. Sie sind häufig der Auftraggeber und die wichtigste Entscheidungsinstanz für das Konzept. Die am Konzept Beteiligten hingegen fokussieren die Unternehmensbereiche und -prozesse, auf die ihre konzeptionelle Arbeit bezogen ist (Konzeptperspektive) und treiben aus einer taktischen Perspektive das Fortschreiten des Themas voran. Am Ende dieser Kette wird es in der Regel Personen geben, die von den Auswirkungen des Konzeptes betroffen sein werden. Sie werden das Thema konkret umsetzen müssen (operative Perspektive), also zum Beispiel die neue Software anwenden, die Befragung ausfüllen, die neuen Richtlinien anwenden und so weiter.

Verschiedene Perspektiven

	Entscheider	Beteiligte	Betroffene
Perspektive	▨ unternehmerische Perspektive ▨ strategische Perspektive	▨ Konzeptperspektive ▨ taktische Perspektive	▨ Anwendungs- perspektive ▨ operative Perspektive
Rolle	Erfolg des Unter- nehmens/Bereiches sicherstellen -> Entscheidung über das Konzept	Erfolg des Konzeptes sicherstellen -> Expertenwissen einbringen -> Mittlerfunktion einnehmen	Anwendung sicherstellen -> umsetzen
Fragen- schwerpunkte	**Wozu?** Was bringt es? Was kostet es? Welche Auswir- kungen hat es? Strategische Einordnung?	**Wie?** Wie stellen wir die Umsetzung sicher (Plan)?	**Was genau ist zu tun?** Wann und wie werde ich von dem Thema betroffen sein? Welche Auswirkungen hat das auf meine Arbeit? Was genau habe ich bei der Anwendung zu beachten („Bedie- nungsanleitung")?
Nutzen- argumentation/ Infotiefe	▨ Wirtschaftlichkeit ▨ Einfluss ▨ Überblick (Details im Back-up)	▨ Leistungsfähigkeit (Prozesssicherheit) ▨ jeder für seinen Verantwortungs- bereich im Detail ▨ Überblick für alle Beteiligten	▨ Komfort ▨ Leistungsfähigkeit ▨ Anwendungshinweise im Detail ▨ Sinn und Nutzen ▨ im Überblick
weitere Besonderheiten	Entscheider haben in der Regel wenig Zeit: Kommunikation auf den Punkt bringen! Lösungen, nicht Probleme anbieten!	hier laufen die Interessen zusammen (Entscheider, An- wender, Beteiligte), aktiv Interessen- management und Schnittstellenkommu- nikation betreiben	Anwender haben oft Sorgen und Widerstände gegenüber Veränderun- gen: frühzeitig ins Boot holen, Bedenken ernst nehmen und möglichst aktiv beteiligen

2. Welche Rolle hat der Empfänger in Bezug auf das Thema?

Eng verknüpft mit der Perspektive ist natürlich die Rolle, die der Empfänger in Bezug auf das Thema innehat. Vertreter der obersten Führungsebene müssen den Erfolg des Unternehmens bzw. ihres Bereiches sicherstellen und Entscheidungen aus der Gesamtperspektive treffen. Die Konzeptbeteiligten hingegen sind die Experten für ein klar umrissenes Aufgabengebiet. Ihre Rolle ist es, das Thema zu konzipieren, zu planen und voranzutreiben, während die Anwender am Ende der Informations- und Kommunikationskette stehen, das Thema dann aber erfolgreich umsetzen oder anwenden sollen.

Verknüpfung mit Rolle

3. Welche Fragen sind schwerpunktmäßig im Konzept zu beantworten?

Entscheider interessieren sich in der Regel für das zu erwartende konkrete Ergebnis: Was werden die geplanten Änderungen kosten und was werden sie bringen? Statt Details wird auf dieser Ebene der große Rahmen gewünscht (Auswirkungen auf das Unternehmen, Chancen und Risiken bezogen auf den Markt usw.). Sie werden darüber hinaus punkten, wenn Sie deutlich machen können, in wieweit die geplanten Veränderungen die Strategien Ihrer Auftraggeber unterstützen.

Die Beteiligten hingegen sind nur für den Erfolg des Konzeptes verantwortlich. Sie brauchen einen guten Plan und detaillierte Informationen über den Prozess: Wer macht was bis wann?

Detailinformationen für die Beteiligten

Die Anwender wollen vor allem wissen, wann und wie sie von der Veränderung betroffen sein werden, und manchmal auch, ob die Veränderung denn wirklich notwendig ist. Denn diese Personengruppen werden oft erst spät über die geplanten Veränderungen informiert und verstehen nicht immer deren Notwendigkeit. Daher werden dann Veränderungen als nicht kontrollierbar und bedrohlich erlebt. Anwender benötigen also einerseits Informationen über Sinn und Zweck des Vorhabens und andererseits sehr genaue Informationen, welche Auswirkungen die Veränderung auf ihre Arbeit haben wird. Wenn es konkret wird, will diese Ebene sehr genau wissen, was sie bei der Anwendung zu beachten hat (Bedienungsanleitung).

4. Welche Nutzenargumentation überzeugt?

Umsatzsteigerung und Kostenreduktion

Da Entscheider auf Ergebnisse ausgerichtet sind, werden Sie diese Personengruppe neben einer Vergrößerung oder Absicherung Ihrer Einflussmöglichkeiten vor allem mit einer wirtschaftlichen Nutzenargumentation überzeugen können. Gewinnmaximierung durch Umsatzsteigerung und Kostenreduktion sind hier die ausschlaggebenden Argumente und der Schlüssel. Nicht immer werden Sie exakte Zahlen vorlegen können. Nehmen Sie dann eine Schätzung vor oder nutzen Sie Referenzen (andere Unternehmen, die vergleichbare Prozesse durchlaufen haben, Studien usw.), die Ihre Argumentation untermauern. Zur Veranschaulichung dieses Aspektes kann das Beispiel „Mitarbeiterengagement" dienen. Engagement und dessen Auswirkungen auf ein Unternehmen erscheinen zunächst wenig fassbar und schon gar nicht messbar. Dennoch zeigt das Gallup-Institut, das seit über 25 Jahren das Thema „Motivation und Führung" international mit groß angelegten Studien untersucht, in beeindruckender Weise, wie sich Engagement messen lässt und die wirtschaftlichen Folgen in Zahlen ausdrücken lassen (Buckingham & Hoffmann 2005). Sie werden vermutlich weder Zeit noch Mittel haben, Studien dieser Art zu betreiben. Nutzen Sie einfach vorhandene Studien, Beispiele oder andere Belege, um Ihre Argumente zu untermauern.

Mehr Anwenderkomfort

Für die vielleicht noch zögerlichen Anwender ist eine ganz andere Nutzenargumentation von Interesse: Mit einer verbesserten Leistungsfähigkeit und vor allem einer Verbesserung des Anwenderkomforts können Sie hier Punkte sammeln. Lassen Sie die Anwender die bequemere und sichere Handhabung, fehlerfreundlichere Bedienung, schnellere Verarbeitung, Vermeidung von lästigen Doppelarbeiten usw. möglichst hautnah erleben. Mit diesen Nutzenargumenten werden Sie auch diese Betroffenen überzeugen.

5. Welche Informationen werden in welcher Tiefe benötigt?

Entscheider wollen auf den Punkt wissen, was das Vorhaben im Ergebnis bringen wird. Alle anderen Informationen reichen im Überblick. Dennoch sollten Sie Details auf Nachfrage sofort und sortiert parat haben, da zum einen manche Entscheider dennoch eine hohe Detailorientierung und einige ein ausgeprägtes Kontrollbedürfnis haben (im Sinne von: Ist an alles gedacht?).

Die Anwender hingegen wollen zumeist sehr präzise und detaillierte Informationen darüber haben, was sich genau für sie ändert. Informationen über Sinn und Nutzen reichen im Überblick. Die Beteiligten brauchen einen guten Überblick über das gesamte Thema, über die Schnittstellen, und jeder benötigt detaillierte Informationen zu seinem Verantwortungsbereich.

Überblick und Detail

6. Welche weiteren Besonderheiten sind in der Kommunikation zu beachten?

Entscheider haben in der Regel volle Schreibtische und wenig Zeit. Bringen Sie daher das Thema empfängerorientiert und beherzt auf den Punkt. Bieten Sie Lösungen für die Probleme oder Herausforderungen.

Die Konzeptbeteiligten haben neben ihrer gestalterischen Aufgabe auch die Funktion, zwischen Entscheider und Anwender zu vermitteln. Hier laufen die Interessen zusammen. Aktives Interessenmanagement und Schnittstellenkommunikation sind hier die Herausforderungen. Unabhängig davon, dass die Anwender letzten Endes diejenigen sind, die die geplanten Veränderungen umsetzen sollen, stehen sie doch in der Regel am Ende des Kommunikationsprozesses.

Betroffene zu Beteiligten machen Ob die geplante Veränderung erfolgreich sein wird, hängt sehr stark davon ab, inwieweit die Anwender mitziehen oder Dienst nach Vorschrift machen. Binden Sie diese Gruppen möglichst frühzeitig mit ein. Machen Sie die Betroffenen zu Beteiligten, indem Sie das „Wissen vor Ort" nutzen und im überschaubaren Rahmen Gestaltungsmöglichkeiten geben.

Tipp: Holen Sie Ihre Empfänger mit deren Interessen und Fragen zu Ihrem Konzept ab! Dann wird man Ihnen mit Interesse folgen. Das kann jedoch bedeuten, dass Sie für unterschiedliche Empfängergruppen eine unterschiedliche Gestaltung der Kommunikation benötigen.

Klartext schreiben – damit Ihre Worte gut ankommen

In manchen Kreisen wird noch heute ein komplizierter, schwer verdaulicher Sprachstil benutzt, der sich höchstens den Eingeweihten wirklich erschließt. Wissenschaft, Bürokratie, Rechtswesen und Co. rangieren auf der Unverständlichkeitsskala ganz weit oben. Man kann hier leicht den Eindruck bekommen: Professionell ist gleich unverständlich. Unbefugten ist das Betreten dieses Terrains verboten. Geschlossene Gesellschaft.

Einverständnis durch Verständnis Ist kompetent und professionell gleich kompliziert? Nein! Kompliziert ist nur kompliziert und bedeutet, dass der Urheber sich keine Gedanken gemacht hat, wie er seine Gedanken vermitteln kann. Es ist nicht besonders schwer, kompliziert zu schreiben. Man schreibt einfach drauflos – ohne Fokus und roten Faden. Man bringt sich als Autor nicht ein. Man spricht den Leser nicht an und schließt ihn am besten gleich mit Fachbegriffen und anderen Geheimcodes aus. Dann erschlägt man den letzten aufbäumenden Willen, doch noch etwas zu verstehen, mit Wortgefechten und Satzungeheuern. So kann zumindest kein Widerspruch mehr kommen. Jedoch: Mit dieser Strategie kann kein Einverständnis, keine Begeisterung, kein Commitment entstehen. Die Gefahr, dass erst genickt und dann schnell vergessen wird, ist groß. Und das ist dann weder kompetent noch professionell.

Schreiben und sagen Sie stattdessen Klartext. Ein verständlicher Text, eine gute Präsentation, klare Kommunikation sind kein Zufall. Ein Meisterstück ist das Ergebnis genauen Feilens. Schreiben ist ein Handwerk, welches erlernbar ist.

> *„Einer muss sich plagen, der Schreiber oder der Leser.“*
> WOLF SCHNEIDER, JOURNALIST, JOURNALISTEN-
> AUSBILDER UND SPRACHKRITIKER

Schon mit der Befolgung weniger Leitgedanken kann die Lesbarkeit von Texten deutlich erhöht werden. Die Hamburger Psychologen Inghard Langer, Friedemann Schulz von Thun und Reinhard Tausch haben erforscht, was verständliche Texte ausmacht. Sie entwickelten das Hamburger Verständlichkeitskonzept mit den im Folgenden beschriebenen vier Kriterien.

Hamburger Verständlichkeitskonzept

Hamburger Rezept für gelungene Texte

1. Einfachheit

Das wichtigste Prinzip verständlicher Texte ist der Leitgedanke: Schreiben Sie so einfach wie möglich! Texte werden einfach, wenn sie aus kurzen, klaren Sätzen (9 bis 13 Wörter) mit kurzen und geläufigen Wörtern bestehen. Vermeiden Sie also Fremdwörter oder Fachbegriffe ohne Erläuterung. Vermitteln Sie nur einen Gedanken pro Satz, dann entstehen keine Schachtelsätze. Schildern Sie anschaulich und konkret, indem Sie zum Beispiel anschauliche Verben statt Nominalisierungen nutzen (aus Verben oder Adjektiven gebildete Hauptwörter). Außerdem wirkt Ihre Sprache viel klarer und dynamischer, wenn Sie aktive statt passive Formulierungen wählen.

Cäsar hinterließ
Eindruck –
auch sprachlich

Markus Sommer und Steffen Reiter bringen in ihrem Buch „Perfekt schreiben" wunderbare Vorher-nachher-Beispiele für komplizierte, aber auch gelungene einfache Formulierungen wie die folgenden: Hätte Cäsar beispielsweise gesagt: *„Nach Erreichung des Zielpunktes nahm ich eine Situationsanalyse vor, die ein Military-Success-Ereignis zur Folge hatte"*, so hätte er den einen oder anderen schon mitten im Satz verloren. Mit dem Satz *„Ich kam, sah und siegte"* sicherte er sich Gefolgschaft und setzte sich ein unvergessenes (Sprach-)Denkmal.

Tipp: Machen Sie folgenden Verständnischeck: Überlegen Sie, wie Sie den Sachverhalt einem Kind oder Ihrer Großmutter erklären würden! Das führt von ganz alleine dazu, dass Sie Sachverhalte in anschaulichen Worten darstellen.

2. Gliederung

Texte
strukturieren

Texte sollen klar gegliedert sein, das heißt, die Gedanken sollen logisch aufeinander aufbauen und einer nachvollziehbaren Struktur folgen. Das Wesentliche soll zu Beginn des Textes und zu Beginn eines Satzes genannt werden. Diese Forderung kennen wir schon von dem pyramidalen Prinzip. Darüber hinaus können Sie Texte strukturieren, indem Sie Sinnzusammenhänge durch Absätze anzeigen und optische Gestaltungsmittel wie zum Beispiel Marginalien (seitlich platzierte Zwischenüberschriften) nutzen.

3. Prägnanz

Texte sollten kurz und treffend sein, ohne überflüssige Informationen und ohne Worthülsen. Schreiben Sie so wenig wie möglich und so viel wie nötig. Behalten Sie die Kernbotschaft im Auge und streichen Sie munter Unwesentliches, Langatmiges, Weitschweifendes – sowohl in Ihrem ganzen Text wie auch in jedem Satz.

> „Um kurze Sätze schreiben zu können, muss man erst gearbeitet haben. In langen Sätzen bleibt die Unwissenheit des Autors leicht verborgen – ihm selbst und dem Leser … Kurze Sätze kann man nicht schreiben, wenn man nicht genau Bescheid weiß."
>
> ERNST ALEXANDER RAUTER,
> STILLEHRER UND SCHRIFTSTELLER

Die Kürzungen lohnen sich immer. Machen Sie doch selbst den Vergleich mit folgendem Beispiel – ebenfalls aus dem Buch „Perfekt schreiben" von Markus Sommer und Steffen Reiter.

Lohnende Kürzung

Beispiel

„Infolge der weltweiten Globalisierung ergibt sich die Problematik, dass die Umsatzzahlen vieler Konzerne, aber auch kleiner und mittelständischer Unternehmen – insbesondere aus Bereichen wie der Automobilindustrie, des Baugewerbes oder der Textilindustrie – zukünftig noch weiter absinken werden." Es geht nicht wirklich Substanz verloren, wenn stattdessen formuliert wird: „Infolge der Globalisierung werden die Umsätze vieler Unternehmen weiter sinken; besonders betroffen: die Automobil-, Textil- und Baubranche."

4. Anregung

Texte dürfen jedoch nicht so sehr verknappt werden, dass der Lesefluss und das Verständnis leiden. Als Ausgleich und Würze brauchen Sie noch eine Prise Anregung. Damit der Leser eine Vorstellung von Ihren Ideen entwickeln kann, braucht er erklärende Bilder, veranschaulichende Beispiele (bevorzugt aus der Welt der Leser) und Grafiken. Darüber hinaus lockern Metaphern, Anekdoten, Humor, Zitate und Fragen auf.

Balance schaffen

Es ist letzten Endes der Wechsel von Prägnanz und Veranschaulichung, von Kürze und beschreibenden Ausführungen, die einem Text Dynamik und Lebendigkeit verleihen und dafür sorgen, dass Sie und Ihr Konzept gut ankommen.

Dafür sorgen, dass der Empfänger sich ein Bild machen kann

Nachdem Sie Ihren Text verfasst haben, prüfen Sie, ob Folgendes bereits gelungen ist: Kann sich Ihre Zielgruppe ein Bild von Ihren Ideen machen? Bei der Aufnahme, dem Verständnis und dem Behalten von Informationen spielen Bilder eine ganz erhebliche Rolle. Machen Sie doch selbst folgendes kleines Experiment (nach Vera F. Birkenbihl).

Beispiel
Ein Zweibein sitzt auf einem Dreibein und isst ein Einbein. Da kommt ein Vierbein und nimmt dem Zweibein das Einbein weg. Da nimmt das Zweibein das Dreibein und schlägt das Vierbein.

Legen Sie jetzt das Buch aus der Hand und versuchen Sie die Geschichte zu erzählen. Und – ist es Ihnen gelungen? Die meisten Menschen haben Schwierigkeiten die Beine in die richtige Reihenfolge zu bringen und korrekt wiederzugeben. Das liegt zum einen daran, dass die magische Zahl Sieben überschritten ist, und zum anderen daran, dass diese Informationen rein abstrakt sind. Nach dem etwas vereinfachenden – als Metapher aber brauchbaren – Hemisphärenkonzept unseres Gehirns sprechen wir mit diesen abstrakten Informationen nur die linke Gehirnhälfte an, die zuständig ist für Sprache und das logisch-analytische Denken. Die rechte Gehirnhälfte, der Funktionen des bildhaften, kreativen Denkens zugeordnet sind, langweilt sich derweil. Sie sucht daher nach Anregung und geht nebenbei gedanklich spazieren.

Menschen wollen vielfältig angesprochen werden Neuere Forschungen haben ergeben, dass die tatsächliche Arbeitsweise unseres Gehirnes etwas komplexer und vernetzter ist: Je vielfältiger wir Menschen ansprechen, umso höher sind die Chancen, sie zu erreichen, und umso stabiler können die Informationen gespeichert werden. Bilder spielen dabei die wichtigste Rolle, da Sie die Aufnahme, die Verarbeitung und das Behalten von Informationen sehr stark erleichtern. Machen wir den Test und geben Ihnen zu der Einbein-Geschichte ein Bild.

Beispiel

Ein Mensch (Zweibein) sitzt auf einem Hocker (Dreibein) und isst ein Hühnerbein (Einbein). Da kommt ein Hund (Vierbein) und nimmt dem Menschen (Zweibein) das Hühnerbein (Einbein) weg. Da nimmt der Mensch (Zweibein) den Hocker (Dreibein) und schlägt den Hund (Vierbein).

Wenn Sie jetzt das Buch aus der Hand legen, dürfte es Ihnen sehr leicht fallen, die Informationen wiederzugeben. Nun sind die Informationen in einem Bild aufgeräumt und so gut abgespeichert, dass Sie wahrscheinlich noch Ihren Enkeln diese Geschichte erzählen können.

„Ein Bild sagt mehr als tausend Worte", so beschreibt ein bekanntes Sprichwort die Erkenntnis, dass Bilder Informationen oft umfassender, prägnanter und dauerhafter vermitteln können als Worte. Nutzen Sie daher Visualisierungen wie Schaubilder, Fotos, Grafiken, Diagramme oder Symbole sowie veranschaulichende Beispiele, bildhafte Sprache, einprägsame Vergleiche, Metaphern, Anekdoten und so weiter. Die folgende Grafik zeigt anschaulich: Je vielfältiger Menschen angesprochen und einbezogen werden, umso höher ist die Chance, sie zu erreichen.

Visualisierungen nutzen

Wir behalten ...

10 %	20 %	30 %
von dem, was wir	von dem, was wir	von dem, was wir
lesen	**hören**	**sehen**

50 %	70 %	90 %
von dem, was wir	von dem, was wir	von dem was, wir
hören und sehen	**selbst sagen**	**selbst tun**

Informationsaufnahme und das Behalten

Visualisierung sollte jedoch nicht zum Selbstzweck mutieren. Konzepte brauchen keine Dekoration und keine Bebilderung von Selbstverständlichkeiten. Stattdessen sollte Visualisierung Ihre Ziele optimal unterstützen, das heißt, die Bilder sollten aussagekräftig sein, komplexe Zusammenhänge verdeutlichen und wesentliche Aussagen prägnant unterstützen.

Damit Ihre Abbildungen, Folien, Flipcharts wirkungsvoll sind, ist die Beachtung folgender optischer Grundregeln sinnvoll.

Optische Grundregeln

Auf einen Blick wahrnehmbar: Das Bild sollte möglichst auf einen Blick erfassbar sein. Maximal sieben (plus/minus zwei) Inhaltspunkte kann unser Arbeitsspeicher fassen. Zeigen Sie also wenige Details, denn: Weniger ist mehr.

Sprechende Überschrift: Bringen Sie nur einen Sinnzusammenhang pro Visualisierung. Darüber hinaus braucht jede Visualisierung eine Überschrift bzw. Bildunterschrift, die schlagwortartig wiedergibt, was durch die Visualisierung dargestellt werden soll.

Einfacher und prägnanter Einsatz von Gestaltungselementen: Für die Gestaltung der Unterlagen haben Sie die Gestaltungselemente Schriftgrößen, Farben, Strichstärken und Formen. Nutzen Sie die Leitidee „einfach und prägnant" nicht nur für die Inhalte, sondern ebenso für die Gestaltung der Inhalte.

Lassen Sie sich dabei von der Faustregel „Maximal drei" leiten: Verwenden Sie maximal drei Schriftgrößen, Farben, Strichstärken und Formen. Gestaltung hat den Sinn, Informationen hervorzuheben oder abzusetzen. Zu viel des Guten fokussiert nicht mehr, sondern lenkt ab und verwirrt. Achten Sie darauf, dass gleiche Farben und gleiche Formen gleichen Sinn suggerieren. Nach den Gesetzen der Gestaltwahrnehmung werden gleiche Farben und Formen unbewusst zu Gruppen zusammengefasst. Prüfen Sie, ob diese Gruppenbildung Ihrer Absicht entspricht.

Tipp: Bevor Sie Ihr Konzept präsentieren oder Ihrer Zielgruppe überreichen, geben Sie es mindestens einer Person zum kritischen Gegenlesen! Am besten eignen sich natürlich Personen, die sich in die Interessen und Perspektiven der Zielgruppe gut hineinversetzen können. Aber auch Personen ohne jegliche Vorkenntnisse bezüglich Thema oder Zielgruppe sind interessante Testleser, denn wenn Sie diese abholen können, ist der ultimative Check, ob Ihr Konzept klar und verständlich ist, gelungen.

3.6 Das Konzept erfolgreich kommunizieren

Raus aus dem Elfenbeinturm

Konzeptarbeit findet häufig im Elfenbeinturm statt – an Schreibtischen, an denen das Tagesgeschäft nur bedingt überblickt wird. Die Auseinandersetzung mit den Inhalten ist meist intensiv, die Auseinandersetzung mit den beauftragenden, beteiligten und betroffenen Personen meist weniger intensiv. Es ist daher leider kein Einzelfall, wenn Personen, die das Thema irgendwann umsetzen sollen, aus dem Blickfeld geraten bzw. von vorneherein vergessen werden. So geschah es beispielsweise jüngst bei einem der größten europäischen Telekommunikationsanbieter, der eine mehrjährige Systemumstellung plante, aber leider komplett versäumt hatte, die Callcenter mit ins Boot zu holen. Ein Vorhaben, das zum Scheitern verurteilt war und erst durch einen Strategie- und Personenwechsel mühsam korrigiert werden konnte.

Handelnde Personen nicht vergessen

Der Begriff Elfenbeinturmeffekt bezeichnet das Werkeln in Abgeschiedenheit und Unberührtheit von der tatsächlichen Welt. Es liegt auf der Hand, dass dabei der Bezug zur Realität und die Verbindung zu den beteiligten Personen verloren gehen können.

Das Resultat ist dann, dass das Konzept von den „Nichteingeweihten" kaum oder gar nicht verstanden wird, an deren Realität vorbeigeht und manchmal – trotz hervorragender Ideen – abgelehnt wird. Ohne effektives Kommunikationsmanagement lassen sich Veränderungsprozesse nicht sinnvoll gestalten.

Den Elfenbeinturm verlassen Je früher die relevanten Personengruppen eingebunden werden, desto leichter wird Ihnen die Überzeugungs- und Umsetzungsarbeit fallen. Spätestens in dieser Konzeptphase sollte also der Turm verlassen werden, um Kontakt zum „wirklichen Leben" herzustellen.

*„Wer nicht ständig mit den Kunden in Kontakt ist,
hat auf dem Markt bald nichts mehr zu sagen."*

DR. HORST SKOLUDEK, INDUSTRIEMANAGER

Besonders bei komplexen und konfliktträchtigen Veränderungen ist es wichtig zu beachten, dass Menschen nicht außen vor gelassen, sondern informiert und involviert sein wollen. In den meisten Fällen ist eine frühzeitige Einbindung der sogenannten Stakeholder für die erfolgreiche Umsetzung des Konzeptes entscheidend. Stakeholder sind diejenigen, die ein Interesse an dem Verlauf oder dem Ergebnis des Prozesses haben – etwa weil sie ihn (mit)verantworten oder später umsetzen sollen. Mit dem direkten und konkreten Verständnis für das Arbeiten vor Ort, die Situation des Kunden und so weiter helfen sie mit einem Blick auf die Erfolgsfaktoren im Detail und vor Ort. Solchermaßen einbezogen wirken sie dann später automatisch als Botschafter bei ihren Kollegen mit. Je mehr Unterstützung und Unterstützer Ihre Ideen im Vorfeld erhalten, umso höher sind die Erfolgschancen. Und je mehr die betroffenen Personengruppen einbezogen werden, desto aktiver werden diese die Umsetzung Ihres Konzeptes voranzutreiben helfen. Sie werden somit von Betroffenen zu Akteuren.

Der Elfenbeinturmeffekt führt bei geschlossenen Türen und unter Verschluss gehaltenen Informationen hingegen meist zum gegenteiligen Effekt: Die Informationen brechen sich unkontrolliert über informelle Kanäle Bahn. Auch hier werden Betroffene zu Akteuren, jedoch in einer Form, die weniger in Ihrem Sinne sein dürfte: Auf dem Nährboden von Missverständnissen, Ängsten und falschen Hoffnungen entstehen Misstrauen und Gerüchte bis hin zu Intrigen, die immer größer werden, je weniger offen und ehrlich informiert wird.

Unkontrolliert über informelle Kanäle

Selbstverständlich gibt es dennoch Situationen, in denen eine spätere Information zweckdienlich sein kann. Entscheidungen, die sowohl sehr viel Unruhe stiften würden als auch unausgegoren sind, sollten bis zur Entscheidungsreife unter Verschluss gehalten werden. Wenn die Entschlüsse dann jedoch gefasst sind, müssen sie sofort umfassend, offen und aktiv kommuniziert werden. Für ein intelligentes Kommunikationsmanagement gilt also: So zeitig wie möglich, aber nicht vorzeitig.

Tipp: Sorgen Sie für eine taktisch wohlüberlegte und grundsätzlich transparente Kommunikation!

Interessenmanagement

„Ideen sind wie Kinder: Die eigenen liebt man am meisten."
PROF. DR. LOTHAR SCHMIDT,
POLITOLOGE UND JURIST

Ihr Konzept trifft nicht auf neutralen Boden, sondern auf ein komplexes soziales System mit zahlreichen Akteuren und Interessengruppen. Jeder hat eigene Interessen, Ziele, Befürchtungen, Hoffnungen und so weiter. Darüber hinaus stehen diese Personen in vielfältigen Wechselbeziehungen und beeinflussen sich gegenseitig. Wer seine Ideen sicher über die Torlinie bringen

Schlüsselspieler identifizieren

möchte, tut gut daran, die Schlüsselspieler auf dem Feld zu kennen, deren Spielweise einzuschätzen und aktiv zu nutzen.

Prinzipien des Interessenmanagements

1. Einschätzung der Interessen- und Kräfteverhältnisse
2. Interessen managen
3. Am Ball bleiben

1. Einschätzung der Interessen- und Kräfteverhältnisse

Sondieren Sie das Terrain, auf das Ihr Konzept trifft. Folgende Fragen helfen Ihnen, die Interessen- und Kräfteverhältnisse zu analysieren:

- Welche unmittelbaren und mittelbaren Auswirkungen wird Ihr Konzept auf wen haben?
- Wer hat welche Interessen in Bezug auf Ihr Konzept?
- Wessen Interessen unterstützen das Konzept?
- Wer ist kritisch eingestellt?
- Wer hat welchen Einfluss (per Hierarchie, sozialer Kompetenz, Persönlichkeit, Fachkompetenz, Beziehungsnetzwerk)?
- Wie stehen die Akteure zueinander?
- Wo sind Unterstützer, die als Meinungsmacher, Multiplikatoren, Botschafter (durchaus im Sinne des wechselseitigen Austausches) genutzt werden können?

Interessen- und Kräfteverhältnisse darstellen

Für die Durchführung der Stakeholder- bzw. Akteursanalyse gibt es verschiedene Möglichkeiten. In jedem Fall empfiehlt sich eine grafische Darstellung, die die Interessen- und Kräfteverhältnisse in einem Kräftefeld auf einen Blick veranschaulicht. Eine einfache und leicht handhabbare Methode ist das Power Interest Grid, das prägnant die Akteure in Bezug auf die Dimensionen „Unterstützung Ihres Konzeptes" und „Einfluss" einordnet.

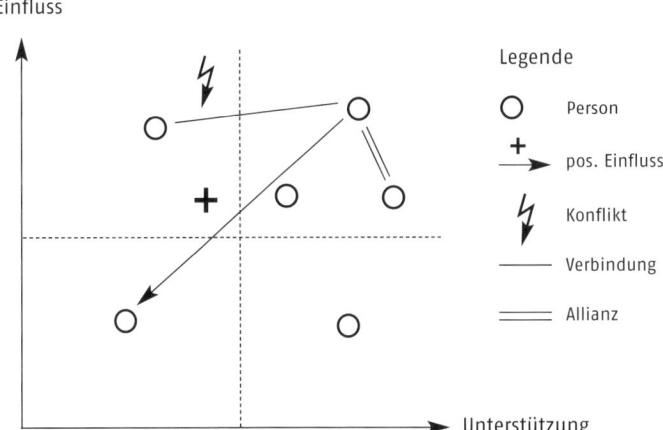

Einfluss

Legende

○ Person

$\xrightarrow{+}$ pos. Einfluss

Konflikt

—— Verbindung

══ Allianz

Unterstützung

Akteursanalyse am Beispiel des Power Interest Grid

Darüber hinaus können zusätzlich Beziehungsstrukturen wie
Einfluss, Sympathien, Koalitionen, Polaritäten, Konflikte und so
weiter zwischen den Akteuren ergänzt werden. Auf diese Weise
erhalten Sie eine gute Übersicht über das Kräftefeld und können
schnell die Schlüsselpersonen (Keyplayer) identifizieren, die entscheidenden Einfluss auf das gesamte System haben.

**Übersicht über
das Kräftefeld**

2. Interessen managen

Sorgen Sie nun für tragfähige Bündnisse. Kommunizieren Sie
aktiv mit den Befürwortern und den potenziellen Befürwortern.
Überlegen Sie, wie Sie die Akzeptanz und Unterstützung dieser
Personen(gruppen) gewinnen können. Setzen Sie sich zusätzlich
mit den kritisch eingestellten Personen an einen Tisch. Nehmen
Sie die Fragen, Einwände und Sorgen ernst. Es wird nie gelingen,
alle zufriedenzustellen, aber jeder kritische Aspekt kommt früher
oder später an die Oberfläche und muss bearbeitet werden. Und
jeder verstandene und genutzte Kritikpunkt wird Ihr Vorhaben
noch besser machen.

Tipp: Gewinnen Sie Menschen für Ihr Konzept, indem Sie Nutzen bieten, Mitgestaltungsmöglichkeiten schaffen und eine Sogwirkung erzeugen!

Interessen verstehen und integrieren Jede Person oder Personengruppe im Kräftefeld verfolgt Ihre eigenen individuellen oder abteilungsbezogenen Interessen – Befürworter wie Kritiker. Versuchen Sie die Interessen zu verstehen (sind oft hinter Positionen verborgen und nicht immer leicht zu erkennen) und zu integrieren, denn menschliches Handeln unterliegt dem Prinzip: Wir setzen uns gerne für etwas ein, was uns etwas bringt. Nutzen Sie die Interessen Ihres Kräftefeldes und helfen Sie den beteiligten Personengruppen zu verstehen, welche positiven Effekte das Konzept auf ihre (und nicht Ihre) Interessen hat. Stephen R. Covey erklärt als eine der sieben wichtigsten Fähigkeiten erfolgreicher Menschen, zuerst andere zu verstehen, bevor man sich selbst verständlich macht.

Ein weiteres Prinzip, Menschen ins Boot zu holen, besteht darin, diese aktiv in die Gestaltung des Bootes (bzw. in die Umsetzung der Veränderung) mit einzubeziehen. Je intensiver Menschen einbezogen werden, desto stärker ist ihr Verständnis, Vertrauen und Commitment. So sollten Sie mindestens durch regelmäßige Information über Fortschritte, aber auch Risiken oder Schwierigkeiten (!) das Interesse aufrechterhalten und ein stabiles Vertrauensverhältnis aufbauen.

Durch Mitwirkung aktive Botschafter gewinnen Noch wirkungsvoller ist es, wenn Sie aktiv involvieren. Bitten Sie zum Beispiel um kritische Auseinandersetzung mit dem Entwurf, um Verbesserungsideen und Diskussion über Umsetzungsstrategien. Integrieren Sie nützliche Ideen. Das hat – neben der Verbesserung Ihres Konzeptes – zwei unschätzbare Nebeneffekte: Die Personen, die an Ihrem Konzept mitgewirkt haben, werden wesentlich mehr Vertrauen haben, das Boot zu besteigen, dessen Bau sie sorgfältig mit überwacht haben. Darüber hinaus identifizieren sie sich stärker mit dem Vorhaben, besonders, wenn ihnen offiziell Urheberschaft für ihre Ideen und Mitarbeit zuerkannt wird. Nutzen Sie diese Personen auch als aktive Botschafter (bei Präsentationen, Workshops, Newslettern, für den Flurfunk usw.).

Damit kommt gleichzeitig noch ein weiteres Phänomen zum Tragen: Es entsteht der berechtigte Eindruck im Unternehmen, dass viele Personen bereits Zeit und Energie in das Thema gesteckt haben und hinter dem Thema stehen. Es wird impliziert, dass das Konzept bereits weite Unterstützung erfährt und somit brauchbar ist. In der Folge entwickelt sich eine Sogwirkung, denn jeder Beteiligte hat wiederum Kontakte, die wiederum Kontakte haben ... Über diese positive Nutzung des Schneeballprinzips wird ein weites Netz der Unterstützung entstehen.

Auch wenn Hierarchie nur eine von mehreren Einflussmöglichkeiten ist, ist sie dennoch eine sehr starke und nicht zu vernachlässigende. Daher ist eine Person, die Sie natürlich unbedingt mit ins Boot holen sollten, Ihr Chef. Er sollte schon allein deshalb einbezogen werden, weil er für Ihr Wirken mitverantwortlich ist. Darüber hinaus verfügt er aufgrund seiner Position vermutlich über weitere Kontakte und zusätzliche Informationen und wird Ihnen – wenn er involviert ist – wahrscheinlich den Weg ebnen. Denn gute Ergebnisse seiner Abteilung werden auch seiner Führungsarbeit zugeschrieben. Ein weiterer Grund ist, dass seine Einschätzung einen erheblichen Einfluss auf das Management haben wird. So wird in der Regel zunächst Ihr Chef befragt, bevor man Ihnen die Gelegenheit gibt, Ihre Ausarbeitungen darzustellen. Nutzen Sie daher die hierarchischen Gegebenheiten in Ihrem Sinne.

Den Chef ins Boot holen

3. Am Ball bleiben

Bleiben Sie in Verbindung mit Ihren Stakeholdern, indem Sie den Informationsfluss zielgerichtet, empfängerorientiert und kontinuierlich aufrechterhalten. Bei komplexen Veränderungsprozessen hilft eine systematisch aufgebaute Kommunikationsstrategie. Ob strategisch geplant oder nicht – suchen Sie in jedem Fall weitere Befürworter, die Einfluss auf kritische Personen haben können. Erweitern Sie kontinuierlich Ihr Netzwerk und bleiben Sie am Ball. Denn: Ein langer Atem ist wichtiger als ein heldenhafter Aufbruch.

Quick Wins schaffen Da manche Konzepte auf einen langfristigen Zeitraum ausgerichtet sind, ist es wichtig, über Zwischenstände zu informieren und sogenannte Quick Wins zu schaffen und zu kommunizieren. So kann eine Marathonstrecke in Zwischenetappen untergliedert werden und für Management und Läufer Überschaubarkeit und Motivationsschub bieten. Darüber hinaus bilden diese Zwischenziele besonders in der Implementierungsphase eine gute Möglichkeit für die Überprüfung der Zielerreichung und für einen Check, inwieweit sich Ziele und Prioritäten zwischenzeitlich geändert haben und ob gegebenenfalls eine Anpassung vorgenommen werden muss. Schaffen Sie adressatengerechte Gelegenheiten für Information, Austausch, kontinuierliche Verbesserung und das Feiern von Erfolgen. Dafür können Sie sowohl informelle Kommunikationsplattformen wie Arbeitsfrühstücke, spontane Gespräche oder die Social Media nutzen als auch formelle Wege wie Protokolle, Rundmails oder Veröffentlichungen in firmeninternen Medien wählen.

„Not invented by myself"–Problem umschiffen Zu guter Letzt: Wundern und ärgern Sie sich nicht, wenn Ihre Ideen im Laufe der Überzeugungsarbeit irgendwann als eigene Idee vom Management ausgegeben werden. Dann haben Sie wahrhaftig hervorragendes Interessenmanagement erreicht! Sie können kein größeres Kompliment bekommen, denn die Kopie ist die höchste Form der Anerkennung. Und Sie hätten keine bessere Überzeugungsarbeit leisten können. Fangen Sie also nicht an, darüber zu debattieren, wer der eigentliche Urheber dieser Idee war. Freuen Sie sich lieber, dass Sie das „Not invented by myself"-Problem (auch als Not-invented-here-Syndrom bekannt) elegant umschifft haben. Kurz gefasst besagt dieser Komplex: Die Idee kann nicht gut sein, denn sie war nicht von mir. Diese häufig anzutreffende Reaktion auf neue Ideen ist nicht zu unterschätzen, denn dieser Abwehrreflex kann recht hartnäckig sein. Ob die Gründe nun in mangelndem Verständnis oder verletzter Eitelkeit liegen, ein geschicktes Interessenmanagement lässt den Erfolg viele Väter haben. Der kluge Stakeholdermanager lehnt sich daher zurück und genießt, dass sein Konzept nun von vielen mitgetragen wird. Keine Sorge: Ihr Einsatz wird seine Würdigung finden.

Allgemeine Tipps zum Aufbau von Netzwerken

Das meiste im Leben läuft über Beziehungen: die besten Jobs, die schönsten Wohnungen, die zuverlässigsten Handwerker, die erfolgreichsten Konzepte – von Informationen bis hin zur tatkräftigen Unterstützung – wer über ein gutes Netzwerk verfügt, hat die Nase vorn.

Mit einem guten Netzwerk die Nase vorn haben

Netzwerken ist kein schnelles Mittel zum Zweck, sondern eher eine grundsätzliche Einstellung, die Berufliches und Privates bereichert und voranbringt. Das Grundprinzip ist einfach: Zeigen Sie Interesse für andere Menschen. Suchen Sie aktiv Kontakt und erweisen Sie sich als nützlich! Dabei gilt die Devise: Geben kommt vor Nehmen. Indem Sie ohne Erwartung einer direkten Gegenleistung etwas geben, verschaffen Sie sich ein positives Gefühl und schlagen eine Brücke zum anderen. Es ist das in allen Kulturkreisen geltende Gesetz der Gegenseitigkeit, das dazu führt, das wir gerne zurückgeben möchten, wenn uns Gutes wiederfahren ist. Ein Lächeln, ein Geschenk oder Unterstützung bei der Arbeit.

> *„Was du säst, das wirst du ernten."*
> MARCUS TULLIUS CICERO,
> RÖMISCHER POLITIKER, ANWALT UND PHILOSOPH

Im Berufsleben können Sie Netzwerke aufbauen, indem Sie Ihre Kompetenz und Einsatzbereitschaft aktiv zeigen.

Kompetenz und Einsatzbereitschaft zeigen

Entwickeln Sie Engagement und scheuen Sie sich nicht, Sonderaufgaben und bereichsübergreifende Themen zu übernehmen. Geben Sie immer Ihr Bestes. Auf diese Weise knüpfen Sie viele Kontakte im Unternehmen und „machen sich bekannt" (Selbstmarketing).

Knüpfen Sie aktiv Kontakte zu Kollegen aus anderen Abteilungen und beziehen Sie diese mit ein. Damit sichern Sie sich eine weite Zustimmung zu Ihrem Thema, erweitern Ihr Wissen und Ihre Vernetzung in das Unternehmen und sorgen dafür, dass man Sie und Ihre Kompetenzen kennt.

Lösungs-orientierte Haltung Zeigen Sie eine positive Haltung. Mit wem haben Sie lieber zu tun: mit Menschen, die für jede Lösung ein Problem parat haben, oder mit Menschen, die für Probleme Lösungen suchen? Eine positive lösungsorientierte Haltung ist zukunfts- statt vergangenheitsorientiert. Sie ist sowohl für den Erfolg als auch für das zwischenmenschliche Klima sehr förderlich. Nehmen Sie die Probleme ernst, aber verstricken Sie sich nicht in ihnen. Suchen Sie zum Beispiel nicht nach Gründen, warum es nicht klappen kann, sondern nach Wegen, wie es gehen kann. Schauen Sie nach vorn: auf das Ziel und die Optionen. Helfen Sie gegebenenfalls anderen, diesen Blickwinkel einzunehmen.

„Das Leben kommt von vorn!"

Lotto King Karl, Hamburger Musiker

Aber trotz positiver Haltung gibt es immer wieder auch mal Schwierigkeiten und Hindernisse. Das Geheimnis des Erfolges ist neben einem klaren Ziel letzten Endes schlicht und einfach die Hartnäckigkeit, trotz Widerständen und Rückschlägen das Ziel weiterzuverfolgen. Auf Neudeutsch nennt man das Resilienz.

 Tipp: Bleiben Sie bezüglich Ihrer Themen als auch Ihrer geknüpften Kontakte am Ball!

Würdigen Sie immer die Unterstützung, die Sie erfahren haben. Lorbeeren nicht
Bedanken Sie sich für die Leistung direkt und persönlich bei allein sammeln
den Helfern. Kassieren Sie die Lorbeeren nicht für sich allein,
sondern sorgen Sie dafür, dass die Leistung des Teams offiziell
anerkannt wird. Damit machen Sie sich zum Teamplayer und
tragen zu einem kooperativen Arbeitsklima bei.

Gut zu wissen: Am Ende sind es nicht Sachargumente, die überzeugen. Entscheidungen werden weniger aus sachlichen, sondern mehr aus emotionalen Gründen getroffen. Auch wenn sie
später selbstverständlich rational begründet werden. Entscheidend ist jedoch: Können wir vertrauen? Haben wir ein Gefühl von
Sicherheit? Fühlen wir uns gut mit dieser Entscheidung und den
beteiligten Personen? Und dabei spielt das Beziehungsmanage-
ment mindestens so eine wichtige Rolle wie gut ausgearbeitete
Sachinformationen.

> *„Es genügt nicht, dass man zur Sache spricht.*
> *Man muss zu den Menschen sprechen."*
> STANISLAW JERZEY LEC,
> POLNISCHER SCHRIFTSTELLER

4 Fazit und Farewell für Ihre Konzeptreise

Wie wir gesehen haben, beinhaltet Konzeptarbeit zwei große Herausforderungen:

- Damit Sie erfolgreich sind, ist es hilfreich, die erforderlichen unterschiedlichen Tätigkeiten nicht gleichzeitig und nebenbei zu erledigen, sondern systematisch Schritt für Schritt vorzugehen. Der Konzeptfahrplan, die Checklisten und Vorlagen bieten Ihnen dafür eine wunderbare Unterstützung.

- Damit Ihr Konzept erfolgreich wird und nicht das Schubladenschicksal vieler seiner „Kollegen" teilen muss, sondern seine beabsichtigte Aufmerksamkeit findet und Wirkung entfalten kann, muss es überzeugend Nutzen bieten.

Gütesiegel für erfolgreiche Konzepte

Das in Kapitel 2.5 beschriebene ZEBRA-Prinzip bildet Ihren Konzept-TÜV, das Gütesiegel für erfolgreiche Konzepte:

- ✔ **Z** ielorientiert
- ✔ **E** mpfängerorientiert
- ✔ **B** eherzt auf den Punkt gebracht
- ✔ **R** ealistisch geplant
- ✔ **A** uslöser für Aktivitäten

Zusammengefasst heißt das: Mit einer sauberen Herausarbeitung und Abstimmung der Ziele haben Sie die größte Hürde bereits genommen. Wenn Sie dann an die Ziele und Interessen der Auftraggeber und der Keyplayer anknüpfen und empfängerorientiert zeigen, dass deren Anliegen gut berücksichtigt sind, haben Sie die wichtigsten Erfolgsfaktoren im Griff. Um Konzepte vom Papier zum Leben zu erwecken und zum Erfolg zu bringen, brauchen Sie nun noch einen realistischen Plan, ein aktives Interessenmanagement und einen nachhaltigen Schubs für konkrete Aktivitäten.

Was Sie zusätzlich für Ihre Reise brauchen, ist Flexibilität. Behalten Sie trotz aller Planung und Struktur im Blick, dass Konzeptarbeit immer ein Prozess ist, das heißt sich dynamisch weiterentwickeln kann und es sehr wahrscheinlich auch tut. Konzepte sind in der Regel nach einer gewissen Zeit überholt – spitze Zunge behaupten sogar, sie seien mit dem Setzen des letzten Schlusspunktes bereits veraltet. Gemeint ist damit, dass, obwohl die grundlegenden Ziele meist eine recht hohe Beständigkeit haben, den sich verändernden Bedingungen flexibel Rechnung getragen werden sollte. Es ist also wichtig, stets das eigentliche Reiseziel im Auge zu behalten, auch wenn Verkehrsmittel, Verkehrsrouten, Durchreisebestimmungen, Reisepartnerschaften und so weiter zwischendurch geändert werden.

Konzeptarbeit als Prozess

Flexibilität in diesem Sinne ist somit ein weiterer Erfolgsfaktor für Ihre Konzeptarbeit. Vor diesem Hintergrund wird deutlich, wie nützlich Raum für Eigenverantwortung und Gestaltung ist, damit zum Beispiel auch der Busfahrer vor Ort selbstständig einen alternativen Weg wählen kann, wenn gerade ein Stau vorhergesagt ist, der Bergpass gesperrt ist oder andere lokale Widrigkeiten das Vorankommen erschweren. Und so manches Mal konnte durch Ortskenntnis eine geschickte Abkürzung zum Ziel gefunden werden! Jeder – auch unser Busfahrer – ist dafür mitverantwortlich, das Konzept im Sinne der Erfordernisse vor Ort im Hinblick auf die übergeordneten Ziele weiterzuentwickeln. Mitdenken ist explizit erforderlich. Mitgestalten ist erwünscht.

„Zum Reisen gehört Geduld, Mut, Humor und dass man sich durch kleine widrige Zufälle nicht niederschlagen lasse."
ADOLPH VON KNIGGE,
SCHRIFTSTELLER UND SAMMLER
VON LEBENSREGELN

Literatur

Adriani, Brigitte A.; Schwalb, Ulrich & Wetz, Rainer: *Hurra, ein Problem: Kreative Lösungen im Team.* Wiesbaden: Dr. Th. Gabler Verlag, 1995

Birkenbihl, Vera F.: *Intelligente Rätsel-Spiele: So verbessern Sie Ihre Fähigkeit, logisch zu denken. Mit 33 neuen Rätseln.* München: mvg Verlag, 2008

Buckingham, Marcus & Coffmann, Curt: *Erfolgreiche Führung gegen alle Regeln.* Frankfurt/Main: Campus Verlag, 2005

Kirchhoff, Heike: *Alles andere als artig.* Bergisch Gladbach: Books on Demand GmbH Norderstedt, 2009

McLeary, Joseph; Haasnoot, Richard; McLeary, Joyce & Drake, Susan: *Von der Idee zum Konzept.* Frankfurt/Main: Campus Verlag, 2002

Miller, George A.: *The Psychology of Communication: Seven Essays.* New York: Basic Books, 1967

Minto, Barbara: *Das Prinzip der Pyramide.* München: Pearson Studium, 2005

Naughton, Carl: *Der Autopilot im Kopf. Entscheiden, Urteilen, Probleme lösen, ohne in die üblichen Denkfallen zu tappen.* Offenbach: GABAL Verlag, 2012

Reiter, Markus & Sommer, Steffen: *Perfekt schreiben*. München: Carl Hanser Verlag, 2009

Schmidbauer, Klaus & Knödler-Bunte, Eberhard: *Das Kommunikationskonzept. Konzepte entwickeln und präsentieren*. Potsdam: University press UMC, 2004

Schulz von Thun, Friedemann: *Miteinander reden 1–3*. Reinbek bei Hamburg: Rowohlt Verlag, 2008

Traufetter, Gerald: *Intuition – Die Weisheit der Gefühle*. Reinbek bei Hamburg: Rowohlt Verlag, 2007

Wehrli, Ursus: *Die Kunst, aufzuräumen*. Zürich. Berlin: Kein & Aber AG, 2011

Weyand, Giso: *Die 250 besten Checklisten für Berater, Trainer und Coachs*. München: mi-Fachverlag, 2008

Stichwortverzeichnis

Über die Autorin

Katja Ischebeck ist Beraterin, Trainerin und Coach mit langjähriger internationaler Erfahrung im Personalmanagement in unterschiedlichen Branchen. Als Diplom-Psychologin mit umfangreichen weiteren Qualifikationen (u. a. Train the Trainer, Mastertrainer, Business-Coach, NLP-Trainer und Wingwave-Coach) begleitet sie seit vielen Jahren erfolgreich Unternehmen, Teams und Führungskräfte in ihrer Entwicklung.

Seit 2004 leitet sie „Ischebeck Consulting". Mit einem Netzwerk aus erfahrenen Experten bietet Sie international Trainings, Workshops und Coachings an.

Katja Ischebeck
Consulting Training Coaching
Tornberg 8
22337 Hamburg
Germany
Mail: info@KatjaIschebeck.de
Web: www.KatjaIschebeck.de
      www.ErfolgreicheKonzepte.de